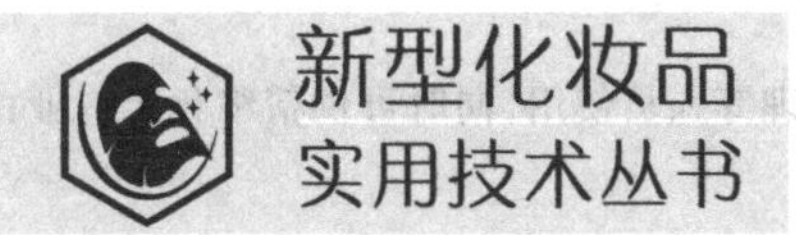

护肤化妆品设计与配方

李东光 主编

HUFU HUAZHUANGPIN
SHEJI YU PEIFANG

化学工业出版社
·北京·

本书对护肤化妆品的分类、配方组成、发展趋势等进行了简要介绍，重点阐述了按摩膏（霜、乳、精油）、润肤霜、雪花膏、护手足霜（乳）、防晒化妆品、化妆水等的配方设计原则以及配方实例，包含近200种环保、经济的配方供参考。

本书可供从事化妆品配方设计、研发、生产、管理等人员使用，同时可供精细化工专业的师生参考。

图书在版编目(CIP)数据

护肤化妆品：设计与配方/李东光主编．—北京：化学工业出版社，2018.3（2023.6 重印）
（新型化妆品实用技术丛书）
ISBN 978-7-122-31579-3

Ⅰ.①护… Ⅱ.①李… Ⅲ.①皮肤用化妆品-设计 ②皮肤用化妆品-配方 Ⅳ.①TQ658.2

中国版本图书馆 CIP 数据核字（2018）第 037996 号

责任编辑：张 艳 刘 军　　文字编辑：陈 雨
责任校对：宋 玮　　装帧设计：王晓宇

出版发行：化学工业出版社（北京市东城区青年湖南街 13 号 邮政编码 100011）
印 装：涿州市般润文化传播有限公司
710mm×1000mm 1/16 印张 13½ 字数 244 千字 2023 年 6 月北京第 1 版第 6 次印刷

购书咨询：010-64518888　　售后服务：010-64518899
网 址：http://www.cip.com.cn
凡购买本书，如有缺损质量问题，本社销售中心负责调换。

定 价：49.80 元

前 言
FOREWORO

护肤化妆品指涂敷于人体皮肤表面，具有清洁和保护皮肤、保持皮肤角质层水分、补充皮肤油脂及所需营养成分作用的化妆品。护肤化妆品的特点是可以保护皮肤，使皮肤减少或免受自然界的刺激，防止化学物质、金属离子等对皮肤的侵蚀，防止皮肤水分过多地丢失，促进血液循环，增强新陈代谢。

近年来，受空气污染及极端天气多发影响，消费者对基础护肤的需求和重视程度明显上升，护肤品销售量明显增长。中国是一个人口众多的国家，而且具有使用护肤品的传统习俗，护肤品市场的发展潜力巨大。女性护肤品市场规模未来仍将持续增长，儿童高端护肤品、男性护肤品、中老年护肤品等新兴市场前景广阔。

在护肤化妆品中，膏霜、乳液类产品仍然占有主导地位。由于国内外化妆品技术发展日新月异，新产品层出不穷，所以，要想在激烈的市场竞争中立于不败之地，必须不断开发研究新产品，并及时推向市场。为满足有关单位技术人员的需要，在化学工业出版社组织下，我们收集整理了大量的新产品、新配方资料，编写了本书，详细介绍了护肤化妆品的配方、制备方法、原料配伍、产品特性等。本书可作为从事化妆品科研、生产、销售人员的参考读物。

本书由李东光主编，参加编写的还有翟怀凤、李桂芝、吴宪民、吴慧芳、邢胜利、蒋永波、李嘉。由于笔者水平有限，书中疏漏之处在所难免，敬请广大读者提出宝贵意见。主编邮箱为 ldguang@1 63．com。

主编

2018 年 2 月

目录
CONTENTS

第一章　概述

第二章　按摩膏(霜、乳、精油)

第三章　润肤霜

第四章　雪花膏

第六章 防晒化妆品

第七章　化妆水

第一章
概述

Chapter 01

护肤化妆品是指那些对皮肤起保护作用，延缓皮肤衰老，增加皮肤细胞活力，加强皮肤血液循环的用品的统称。

护肤化妆品的特点是保护皮肤，使皮肤减少或免受自然界的刺激，防止化学物质、金属离子等对皮肤的侵蚀，防止皮肤水分过多地丢失，促进血液循环，增强新陈代谢。

第一节　护肤化妆品的分类

一、按产品的功能分类

护肤化妆品按产品功能可以分为：营养保湿类、抗皱抗衰老类、祛斑美白类和防晒类，还有瘦身类、脱毛类等。

二、按产品的用途分类

1. 按摩膏（霜、乳、精油）

按摩膏（霜）的作用：在按摩过程中起润滑作用。

按摩膏（霜）的使用方法：按摩膏含有丰富的油分，按摩时可涂抹于皮肤上，用后要将皮肤清洗干净，保证皮肤的呼吸功能。

按摩乳与按摩膏的作用相同，其使用方法也相同，但按摩乳含水分较多，适用于油性皮肤和缺水皮肤，按摩乳按摩后容易清洗，皮肤感觉清爽。

按摩膏（霜、乳）的主要成分：羊毛油、白油、蜂蜡、乳化剂、卵磷脂、羊毛醇、抗氧化剂和去离子水等。

精油包括按摩用精油和喷雾用精油，单方、复方均可。

精油的作用：精油具有极强的渗透力，能够迅速进入人体皮肤，进而进入血液循环，达到一定疗效。精油可激发机体本身的治愈力，具有镇静神经、安抚情绪、加强淋巴系统及内分泌系统代谢功能的作用。

精油的使用方法：将皮肤清洁干净后，将精油以按摩的方式均匀涂抹在皮肤上。

精油的主要成分：以特定种类植物的根、茎、叶、花、果实经过物理处理（压榨、蒸馏或萃取）而得到的带有香味、具挥发性的油溶性液体。

2. 润肤霜

润肤霜的作用：润肤霜可保持皮肤水分平衡和皮肤的柔软细腻，润肤霜的 pH 值在 4～6.5 之间，与皮肤表面 pH 值很接近，使皮肤得到保护。

润肤霜的使用方法：涂抹润肤霜时可轻轻地按摩，加强润肤霜与皮肤的亲和性。

润肤霜的主要成分：白油、橄榄油、卵磷脂、润肤剂、保湿剂、柔软剂和去离子水等。

3. 雪花膏

雪花膏的作用：雪花膏含水量大，质地洁白松软，用后皮肤柔软白皙。

雪花膏的使用方法：由于雪花膏内含有使皮肤显白的成分，用时一定要涂抹均匀，雪花膏含水分多，油脂含量相对较少，适用于油性皮肤和不同底色化妆的皮肤。

雪花膏的主要成分：硬脂酸、碱水、多元醇等。

4. 护手足霜（乳）

护手足霜（乳）作用：保护手足皮肤，防止皮肤变得粗糙、干燥和开裂，保持皮肤水分，使手足皮肤柔软、滋润。

护手足霜（乳）使用方法：取适量涂于手足皮肤表面，并轻轻按摩至全部吸收。

护手足霜（乳）主要成分：包含矿物油、动植物油脂等油性成分，以及多元醇、甘油等保湿成分。

5. 防晒膏（油、水）

防晒膏（油、水）的作用：可以防止日光中部分紫外线对皮肤的伤害，主要是对这部分紫外线有吸收和散射的功能。

防晒膏（油）的使用方法：将防晒膏直接涂敷于皮肤上，量要足，在皮肤上形成薄膜，在日光强的情况下 2～3h 涂抹一次。

防晒水的使用方法：一般防晒水用气压式喷瓶盛放，喷洒时用棉片盖住眼部，然后用手拍匀，在日光强的情况下每 2h 喷洒一次。

防晒膏的主要成分：氧化锌、二氧化钛、凡士林、硬脂酸锌、高岭土、芝麻油、羊毛脂、液体石蜡、橄榄油等。

6. 化妆水

收敛性化妆水的作用：收缩毛孔，减少皮脂，使皮肤细腻，用于毛孔大、出油多的皮肤。

收敛性化妆水的主要成分：氯化铝、氯化羟铝、尿囊素、对酚磺酸锌、明矾、去离子水等，为碱性化妆水。

营养性化妆水的作用：补充皮肤水分和营养，具有较强的保湿功能，使皮肤滋润舒展，适用于干性和衰老性皮肤。

营养性化妆水的主要成分：尿囊素、甘油、乙醇、珍珠水解液、氧化锌等。

化妆水的使用方法：皮肤清洁后擦拭或弹拍于皮肤上。

本书从第二章开始，根据市场应用情况，对重点产品配方进行介绍。

第二节　护肤化妆品配方组成

上述各类产品的基础配方均大同小异，从配方的乳化类型可以分为O/W，W/O，W/O/W，其外观形式通常为膏霜类、乳液类和水剂类。护肤化妆品主要由乳化剂、润肤剂、增稠剂和添加剂等组成。

一、乳化剂

乳化剂的选择对做好护肤品（膏霜或乳液）的基础配方是至关重要的，它影响配方的稳定性、膏体外观的细腻程度及产品的滋润保湿效果等方面。早期选择乳化剂是根据配方对乳化剂各自的HLB值通过计算得出的HLB值与所要乳化油相中油脂的HLB值所对应，其方法虽好但受条件限制难以推广。现原料供应商在供应其生产的乳化剂前已做了许多相关的基础和应用实验，配方研究人员只要结合原料供应商提供的建议使用量和其乳化剂的特点，并根据所要开发产品的要求进行一些优化实验就可方便使用了。

二、润肤剂

润肤剂有添加在油相中的合成油脂或蜡、植物（或动物）油脂、硅油或硅蜡，也有添加在水相中的保湿剂。凡士林和白矿油是最常用的油脂，它们价格低廉，有很强的油性和封闭性，尤其适合制作寒冷冬季使用的保湿霜。棕榈酸异丙酯（IPP）或肉豆蔻酸异丙酯（IPM）可明显改善膏霜涂布性能，促进护肤品在皮肤上均匀分布提高其吸收效果，适合各类护肤霜或乳液，更适合粉质强的美容霜。动物油脂用得最多的是羊毛脂，它有非常明显滋润皮肤的效果，明显改善皮肤干燥、开裂等现象。而霍霍巴油或橄榄油经常在中高档护肤品配方中出现，霍霍巴油具有优良的氧化稳定性，卓越的保湿滋润效果，它不会引致粉刺，不刺激皮肤、快速渗透，给皮肤干爽不油腻、丝般滋润的感觉。橄榄油同样有明显滋润营养肌肤的效果，且有专门精制橄榄油供消费者直接使用。

一般情况下在配方中添加橄榄油的同时需加微量的抗氧化剂，以防止其中不饱和脂肪酸的氧化变质。硅油在常用膏霜中主要起着改善使用后的肤感，使肌肤有着丝般滑爽，降低油脂的油腻感。调节控制这类膏霜（或乳液）油相和水相的折光率使之相等可制作出全透明的膏霜（或乳液）。

配方中油相的各成分应相互溶解均匀，避免出现分层。

三、 增稠剂

在护肤品中使用的增稠剂主要有蜡、高碳醇和聚丙烯酰胺类聚合物。聚丙烯酰胺类聚合物近年来使用比较普遍，主要是因为添加方便，高温或室温下均可以配制膏霜或乳液；无需中和瞬间凝胶增稠；有出色的增稠稳定性，并适应宽范围的pH值（2～12）；做成膏霜后膏体触感好，柔软又光滑细腻。常用的如赛比克（SEPPIC）公司生产的SEPIGEL 305（聚丙烯酰胺/C_{13}～C_{14}异链烷烃/聚氧乙烯月桂醚-7），建议用量为2%～4%，将SEPIGEL 305加入正在搅拌的乳化反应锅中或乳化反应完成加在搅拌锅中搅拌均匀即可。

四、 添加剂

除去在制作基础配方中所需的乳化剂、润肤剂、增稠剂、香精和防腐剂外，能增加使用功能或应用范围的添加物质，在这里均作为添加剂来描述。

1. 营养添加剂

各类维生素、氨基酸或水解蛋白提取液和植物提取物或生物制剂等均作为营养添加剂被采用。常用的有维生素E、维生素A、维生素B系列和维生素C系列衍生物，目的是营养、保湿和美白肌肤。配方中添加这类物质是很方便的，但要注意如何保护它们避免被氧化破坏而失去作用。而配方中添加氨基酸或水解蛋白提取液时，更需考虑整个配方体系的防腐系统，使产品在生产、运输和储存过程不宜发生变质现象。植物提取物在配方中应注意防止变色和沉淀现象出现，而生物制剂应注意添加时的温度及添加工艺等条件的限制，使之在产品保质期内其生物活性得到有效发挥。

2. 祛斑美白添加剂

祛斑美白一直是化妆品市场的热点，也是原料生产厂家一直不断追求开发的研究领域。目前市场销售推广较多的有熊果苷、维生素C系列衍生物、曲酸衍生物、甘草黄酮和果酸等。熊果苷是被普遍应用的祛斑美白剂，它安全稳定性好，且起效时间长，常与其他的美白剂合用增强效果。维生素C美白效果好，但稳定性差，多年来对它的研究一直没有停止，不断推出维生素C系列衍生物，如维生素C磷酸酯镁、维生素C磷酸酯钠、维生素C双棕榈酸酯、维生素C-2-葡萄糖苷、维生素C-PEG衍生物、维生素C烷基磷酸酯、四异棕榈酸维生素C酯、维生素E阿魏酸酯及曲酸氨基丙醇磷酸酯等。

3. 防晒剂

太阳光中含有的紫外线给人们的皮肤带来各种影响，能引起皮肤产生红斑或水疱，促进黑色素形成，使皮肤产生色素沉着，致使褐斑的形成。在防晒化妆品中加入紫外线吸收剂是目前行之有效且广泛使用的方法。它不仅能有效防止皮肤的光老化减少皱纹的产生及皮肤癌的发生，还能防止色斑大量聚集以及皮肤枯黄无光泽、无弹性。

常见有机紫外线吸收剂甲氧基肉桂酸异辛酯（OMC），是目前防晒化妆品中使用最广泛的紫外线吸收剂，添加量一般在3%～7.5%，常与β-二酮类化合物如叔丁基甲氧基二苯甲酰甲烷配合使用来达到宽光谱或全效防晒效果。

4-甲基亚苄基樟脑（MBC）是具有较高光稳定性及高吸收效率的紫外线吸收剂；樟脑衍生物（如MBC）、二苯甲酮类紫外线吸收剂如二苯甲酮-3和二苯甲酮-4、肉桂酸酯类、三嗪类及苯三唑类紫外线吸收剂都被证明安全且光稳定性较高。

常见无机紫外线吸收剂较有代表性的是TiO_2及ZnO。

4. 抗皱抗衰老添加剂

抗皱抗衰老是人们长期关注的焦点和研究热点，除了众所周知的维生素E、维生素A和果酸外，近年来这类添加剂更多来自自然界，有植物提取物、微生物提取物和海洋提取物等，如免疫多糖细胞激活剂（CMglucan），它具有防止自由基产生的作用，从而保护细胞不被自由基侵害，并促进成纤细胞和胶原蛋白的增长。二棕榈酰羟脯氨酸（DPHP），据SEPPIC公司研究报道，具有比维生素C更强的刺激胶原纤维收缩作用和抑制弹性蛋白酶活性的作用，并有效地清除氧自由基。该活性成分作为羟脯氨酸的载体可与任何有抗皮肤衰老、抗皱、抗皮肤松弛或抗氧自由基作用的产品配合使用。大豆异黄酮，是目前较为流行的抗衰老植物提取活性成分，它来自食用的大豆，其中的黄豆苷原和木黄酮结构与雌激素结构很相近。实验表明大豆异黄酮应用于化妆品中有良好的抗衰老作用，且无雌激素的副作用。

5. 保湿剂

保湿剂是几乎所有护肤品均使用的添加剂。最常见的是甘油、丙二醇、1,3-丁二醇、透明质酸和天然保湿因子。保湿性能作为护肤品的必备基础性能，其优良的性能不仅会使消费者使用后有保湿感觉，更多地表现为使消费者肌肤更营养滋润、更显生机活力。如能配合合适的乳化剂和成膜剂，配方保湿性能将会锦上添花。

6. 抗氧化剂

目前越来越多的产品使用各种天然的动植物油脂或活性提取物，其中许多含有易氧化变质结构的物质，因此在使用这些天然活性成分时常需添加抗氧化剂，以保证其功能效果的有效发挥。常用的抗氧化剂有2,6-二叔丁基对甲酚(BHT)、叔丁基对羟基茴香醚（BHA)、维生素E和维生素C。护肤品添加BHT或BHA有很好的抗氧化效果，但其膏体外观色泽随着放置时间的推移出现逐步变黄的现象，以至于影响使用。双叔丁基季戊四醇羟基氧化肉桂酸酯是新近使用的高效抗氧化剂。它稳定性好，在发挥抗氧化作用时不会影响膏体外观色泽，且用量小，0.01%～0.05%的添加量，即可有效防止脂肪酸以及其他易氧化物质的氧化变质。

7. 抗过敏添加剂

在防晒产品、部分美容院使用的产品或更多的日常使用化妆品中都开始添加抗过敏物质，以减少因皮肤肤质不同而引起接触外源物质的不同反应带来的不良影响。尿囊素、红没药醇是众所周知的抗过敏添加剂。甘草酸二钾和甘草次酸能有效抑制皮肤组胺释放，具有良好的抗过敏效果，已被广泛应用。另外，一些植物提取物如黄连、补骨脂和金雀花均有消炎抗过敏的作用。

8. 其他添加剂

通常根据具体生产情况，配方中还会考虑加入螯合剂、着色剂及粉类遮盖剂等以提高使用效果，适应不同的消费需求。配方中加入螯合剂如EDTA是为了避免生产原料中残存的微量金属离子如铁离子等杂质降低某些防腐剂与防晒剂效果的发挥。粉类遮盖剂的加入能使美容霜使用后暂时遮盖皮肤上的细小色斑达到看上去美白的效果。

五、香精

香精在护肤品中主要提供令人愉快的气味，遮盖配方基质的原料气味；配合产品的宣传概念，选择适合的香精就可达到事半功倍的效果。

在配方研制过程中应注意测试已选的香精是否有明显的试用人群过敏现象发生，有过敏现象则就应及时调整或更换已选中的香精。香精在使用中还有可能出现变色与变味的现象，这需要配方研究人员在进行配方调整或香精筛选时多注意观察试制样品出现的不同现象，并加以解决。有些香精变色并不是香精本身的问题，而是配方制作工艺不适当或由原料中某些杂质造成的。香精的添加一般是在乳化完成后，体系在45℃以下直接加入乳化好的基质中。如制作水基产品时，香精应先与适当的增溶剂混合，然后再添加。

六、防腐剂

防腐剂是指可抑制产品内微生物的生长、繁殖或抑制微生物与产品接触后而造成产品微生物污染的一类化学物质。它的作用是保护产品免受微生物污染，在产品保质期内保持品质的稳定。护肤品中常用的防腐剂有醇类防腐剂如苯甲醇和苯氧乙醇等；甲醛释放体类防腐剂如布罗波尔、DMDM乙内酰脲和咪唑烷基脲等；苯甲酸类防腐剂如苯甲酸和苯甲酸钠、对羟基苯甲酸酯类；还有卡松，它被广泛用于香波、护发素和洗去类产品，一般不建议在护肤品中使用。羟甲基甘氨酸钠，是极少数可在高pH值下保持抗菌活性的防腐剂，主要应用于洗发香波和皂基型沐浴露。一般情况下在护肤品中均使用复合的防腐剂，生产厂家或配方研究人员可根据生产产品品种和生产场所的实际情况，优选一些防腐剂复合使用，也可直接使用原料生产商提供的已复合好的防腐剂。

第三节　护肤化妆品的发展趋势

护肤品发展之快前所未有，市场竞争更是日趋激烈。根据目前国内外护肤品研究状况，结合皮肤生理生化科学进展，护肤原料开发及供应情况和市场消费需求，护肤化妆品应着重向以下几方面发展。

一、智能型护肤品

智能型护肤品即护肤品中含有特殊的智能因子和聚合物，这些特殊成分类似人的大脑，可收到信号并作出应答反应。例如，当皮肤遇到缺水、射线、感染、松弛和衰老等问题时，这些智能成分便会作出反应，释放出调节因子，或直接指令细胞加以防御或修复，增强皮肤自动调节功能，使皮肤恢复正常的生理状态。这是一种面对肌肤会思考的智慧型护肤品，可随肤质和环境的变化而变化，针对不同情况产生不同的调节因子，对皮肤的保湿、防晒、抗老、平皱、增白和抗菌消炎等各方面均具有极佳的作用，是一种多功能、长效和高科技智能型护肤品，是护肤品发展的主要方向。

二、能量护肤品

能量护肤品突破传统的只注重营养、忽视能量的护肤观念，在护肤品中赋以能量供应系统，强化细胞能量，为皮肤充分吸收和利用各种成分提供强大动力，解决了护肤品有效成分吸收率和转化利用率低下的问题，最大地展现护肤品的功效，使皮肤充满青春活力。

三、富氧护肤品

由于皮肤处于血液循环末端，氧供应不足，常处于缺氧状态，使皮肤新陈代谢缓慢，细胞易老化，功能衰退，没有生机活力。富氧护肤品是在护肤品中赋以大量纯氧，使之进入组织细胞，刺激细胞呼吸，促使新陈代谢旺盛，组织更新，使皮肤焕发活力，保持青春。

四、防过敏产品

由于环境改变，我们周围的空气、水质、饮食等都发生了改变，这一切均会造成皮肤的不适应而产生过敏，因而对护肤品过敏的消费者正在增多。据调查，有45%的人的皮肤属于过敏皮肤，他们需要柔性、无刺激性、防过敏的护肤品。人们一旦用了某种产品过敏后，便会马上转向购买能抗过敏的产品，因而此类产品将有很大的市场，亟待开发。众多的原料公司已推出具抗敏作用、降低刺激的原料：有些是降低原料本身的刺激性，减少防腐剂、乳化剂等用量；有些是形成皮肤物理屏障，阻挡刺激物接触皮肤；有些是增强免疫系统功能，提高皮肤自身的抗敏能力。

五、防污染产品

环境污染日趋严重，波及人的健康，而皮肤是首当其冲的受害者。臭氧、重金属和有毒气体等造成各种皮肤过早老化、色素沉着、各种皮肤疾患甚至皮肤癌，所以防臭氧、防污染的护肤品也应运而生，可清除自由基，吸附重金属离子，中和有毒物质，维护皮肤生态环境，保护皮肤健康。

六、抗压力（抗紧张）产品

社会竞争日益激烈，工作紧张，压力增大，生活不规律，生理失衡，皮肤也不例外，长期紧张导致皮肤早衰、皱纹丛生、色斑、痤疮、干燥、内分泌失调等问题，因此抗压力、镇静、舒缓肌肤的产品成为护肤品的一个新增长点。

七、生物活性成分

护肤品仍以回归自然为时尚，除了天然植物油、芦荟等仍在风行之外，许多公司不断地推出新成分，绿茶提取物（抗氧化、抗衰老）、银杏叶提取物（清除氧自由基）、葡萄籽提取物（清除氧自由基）、母菊提取物（抗粉刺、美白）、海藻提取物（清除自由基、抗老化、保湿、防晒、减肥等）、小麦提取物（抗老化）中均含有对皮肤各方面都有益处的有效成分。植物是天然的活性原料库，大有开发价值。

发酵产品以其价廉物美、质量稳定正在不断地应用于护肤品中，如L-乳酸（去皱）、透明质酸（保湿）、曲酸（祛斑美白）、酵母发酵产品（营养、保湿、抗老化、活化和提高免疫力）和乳酸菌发酵产品（增湿和抗自由基）等。

基因工程生物制剂也异军突起，例如，采用基因工程技术制取的表皮生长因子（EGF）、成纤维细胞生长因子（FGF）已应用于护肤品中，成为一大热点。还有许多因子尚在研究探索之中。

第二章
按摩膏(霜、乳、精油)

Chapter 02

第一节 按摩膏（霜、乳、精油）配方设计原则

一、 按摩膏（霜、乳、精油）的特点

1. 按摩膏（霜、乳）

按摩膏（霜、乳）的主要作用是促进肌肤血液循环和新陈代谢。做按摩是为了防止肌肤的衰老和松弛。

按摩膏（霜、乳）配合按摩，可以深层清洁皮肤；促进面部血液循环，帮助营养渗透吸收；滋润皮肤，给皮肤提供水分和营养。不同按摩膏配合不同手法还有不同的作用，如美白、补水、抗皱、排毒等。按摩膏（霜、乳）一般含油脂成分较多，故可以较长时间在面部摩擦，因此，按摩完了以后一定要及时清洗干净，以防堵塞毛孔形成油脂粒或出现过敏等。

使用按摩膏（霜、乳）时，首先是做好面部清洁，然后用手指沾些按摩膏（霜、乳）涂抹在脸上，在两颊部位轻柔按摩打圈。脸部按摩时间宜适度，不可太长或太短，必须视皮肤的性质、状况和年龄来决定，干性皮肤多按摩，油性皮肤少按摩。通常，油性皮肤一星期按摩 5～10min，中性皮肤 10～15min，干性皮肤 15～20min，过敏性皮肤最多 5min 或不按摩。如果是老年人，增加 5min，最好每星期固定按摩及敷面。

干性皮肤不易长粉刺、面疱，但易生小皱纹，尤其是眼角和两颔，每晚最好按摩 2～3min。过敏或油性皮肤毛孔阻塞时，不宜按摩，因皮脂阻塞，按摩反而会使细菌传染更快，导致面疱更为严重。另外，年龄在 25 岁以下的，因皮肤弹性和新陈代谢较好，大约一星期按摩 5～10min 即可，过度按摩容易产生反效果。对于容易长粉刺、面疱的年轻人，注重先检查皮肤，选择适合肤质的清洁、保养、敷面的方法，就能改善脸部肌肤。皮肤新陈代谢退化，毛孔阻塞时，虽经按摩也不能促进吸收，必须先将沉积在皮肤内的污物除去后，才能

借由按摩达到美肤的效果。

按摩霜与按摩乳的差别在于按摩乳比较容易吸收，按摩霜比较滋润，乳比霜稀点，按摩霜比较适合冬天用，成分差不多是一样的。

按摩膏（霜、乳）特点如下。

① 舒缓作用：干性肤质用按摩膏可以起到舒缓作用，用后再使用化妆品可以防止皮肤缺水或过敏。

② 舒筋活络的作用：有助于皮肤对营养物质的更好吸收。

③ 促进血液循环、排毒、加速新陈代谢、去除老化角质，增强皮肤弹性和柔韧度的作用。

2. 按摩精油

精油素有"西方的中药"之称，精油不仅可以用来作全身 SPA 护肤，通过渗透进入血液循环，有效地调理身体、增强活力、提振情绪，达到舒缓、净化的作用，还可以治疗灼伤、晒伤，促进细胞再生，而且可以平衡皮脂分泌，改善粉刺、脓肿、湿疹等。

按摩精油是由一种或多种精油及为提高其质量而加入该精油的香料成分和适量的溶剂、抗氧化剂等混合制成的对人体皮肤起护理作用的产品。该产品不是直接适用于人体皮肤的化妆品，需用按摩基础油适当稀释后以涂抹或按摩方法施于皮肤。

按摩基础油是由精制植物油、矿油、抗氧化剂等原料混合制成，用于稀释按摩精油或人体皮肤按摩的油状产品。可以当作基础油的，必须是不会挥发且未经过化学提炼的植物油，例如，甜杏仁油、特级精纯橄榄油、蓖麻油、霍霍巴油、小麦胚芽油等，这类油脂无味，富含维生素 D、维生素 E 与碘、钙、镁、脂肪等，可借其平衡与稳定精油，并协助精油迅速由皮肤吸收。而一般的食用油通常经过化学提炼，已经失去这些养分，不适合当作稀释用的基础油。

二、按摩膏（霜、乳、精油）的分类及配方设计

1. 按摩膏（霜、乳）

从功用上来讲，按摩膏（霜、乳、精油）分为四类。

第一类按摩膏帮助新陈代谢，可清洁毛孔、软化代谢角质污垢、促进淋巴引流。这类按摩霜以安全为重，不需加太多活性成分，适合想清洁毛孔、活化肌肤者。

第二类按摩膏能促进活性成分的加强吸收，用于清洁脸部后，借按摩让毛孔扩张帮助吸收。同样以安全为重，色料、香料、化学油脂等能免则免，活性成分多选速效作用者，像是保湿、美白等，因此可依肌肤状况来选择。

第三类按摩膏是比较滋润的，多含有独特的复合配方，可以去除肌肤角质

及死皮，净化肌肤。精华及多种维生素成分，在舒缓肌肤的同时帮助激活肌肤细胞，加强血液循环，使肌肤更加晶莹通透。

最后一类是面膜型按摩霜，通过“热能效果＋脸部按摩”令肌肤像洗过蒸汽浴一样舒爽，再加上按摩提高热感，更能帮助有效成分快速渗透。

值得提醒的是，按摩用品滑度要够，以免造成肌肤摩擦与拉扯，以高油度乳霜最常见。偏水性清爽的按摩品，用量需多些，以免拉扯肌肤。

按摩膏（霜、乳）根据功能不同，构成的成分也不同，主要成分是植物营养油、蜂蜡、卵磷脂、乳化剂、抗氧化剂和去离子水等。深层清洁功能的按摩膏的主要成分是胶状的具有去角质作用的酸性物质。补充营养功能的按摩膏的主要成分则是油性物质，大分子保湿成分等。

最简单的按摩霜是直接使用凡士林，加上香精和防腐剂、抗氧化剂配制而成的，是非乳化型的产品，配制工艺十分简单。不过由于含油量太大，透气性差，涂在脸上不大舒服。乳化型的按摩霜基质与冷霜和润肤霜相近，采用流动点低、黏度低的油脂、矿物油和蜡类为原料，常加入漂白剂、杀菌剂、皮肤柔软剂和营养成分等。调整油水的比例可以分别配制成 O/W 型或者 W/O 型产品，供不同使用者选择。

2. 按摩精油

按摩精油的种类繁多，主要分为舒缓与振奋两大类。通过精油按摩可以达到抗菌、安抚情绪、缓和紧张、纾解压力的功效。

（1）精油的种类

① 单方精油　就是单纯的一种精油，未将精油混合。

② 复方精油　就是两种以上的精油混合，精油与精油之间是相互协调的，有些还彼此有相辅相成、增强疗效的作用，通常理想的调配方式是以 2～4 种的精油来调出适合自己的精油配方。

③ 基底油　大多数的精油因其刺激性十分强烈，直接擦在皮肤上，会造成伤害（除薰衣草和茶树外）。所以它们必须在基础油中稀释后，才可以广泛地用在我们人体的肌肤上。基础油也被称为媒介油或是基底油。它是用来稀释精油的，因为大部分的精油都要经过稀释才可以和皮肤接触。基底油还有一个作用，就是它可以帮助精油传到皮肤的底层。不同的基底油有不同的特性，所以要按照理疗的目的来选择适当的基底油。

（2）常用的单方精油

① 熏衣草精油（lavender）　因为熏衣草有活化细胞的特性，所以有淡化疤痕的效果。美容美发方面，熏衣草可以调节皮肤（头皮）油脂分泌过多的状况，平衡油性肌肤和头皮。所以如果你有疤痕、湿疹、皮肤过油和头皮太油之类的问题，可以使用熏衣草精油。

② 玫瑰精油（rose） 玫瑰精油分好几种，按照产地，有大马士革莫罗哥，保加利亚，土耳其之类的。玫瑰精油味道很好闻，作用很多，但是价格昂贵。美容方面，它可以柔软肌肤、保湿、抗皱纹，适用于老化和干燥的肌肤。身体方面，可以调理荷尔蒙的分泌。

③ 依兰（ylang ylang） 适合所有的皮肤和发质使用。它最重要的用处就是可以丰胸，保持胸部坚挺。

④ 广藿香（patchouli） 一种香料的味道，用在美容上有收敛伤口和杀菌的作用。所以如果有湿疹或者是皮肤开裂等可以用。

⑤ 茉莉（jasmine） 作用和玫瑰很像，适合干燥和敏感性肌肤，有补水和抗衰老的作用，稀释以后可以当香水使用。

⑥ 檀香（sandalwood） 基本所有肤质都可以用，有治疗红血丝的作用。

⑦ 薄荷（peppermint） 美容美发上适合油性的肌肤和头皮的人使用。如果有因为头皮油出现很多头屑的状况，可以用薄荷。

⑧ 橙花（neroli） 适合干性，中性皮肤的人使用，有补水，防止皱纹产生，促进皮肤新生的作用。如果是外油内干的状况的皮肤也可以使用。干性头发的也适用。

⑨ 佛手柑（bergamot） 适合油性皮肤，有杀菌的作用，也可以治疗痘痘和防止痘痘的产生。

⑩ 肉桂（cinnamon） 可以防止皱纹的产生，然后是瘦身精油里面常用的，可以紧实肌肤和去除橘皮组织。

（3）常用的基底油

① 霍霍巴油（jojoba oil） 霍霍巴油是一种沙漠植物的豆子榨出的油。它不像一般的油会腐坏，是可以久藏的，渗透力强，适合各种肌肤，特别是发炎的肌肤，头发也可以使用。霍霍巴油中富含蛋白质和各种矿物质，它不仅可以调节油性和混合性的肌肤的油脂分泌，还可以护理干性的肌肤，让它没有那么干，防止干纹的产生。所以说，它是一种适合各种肤质使用的基底油。

② 葡萄籽油（grapeseed oil） 葡萄籽油的作用就是抗氧化，抗衰老，并且提供多种矿物质和维生素，然后可以平衡皮肤的酸碱度，适合各种皮肤使用。

③ 甜杏仁油（sweet almond oil） 甜杏仁油的最大特点是柔和，所以在给婴儿用的按摩油中，一般都是用的甜杏仁油。它有很丰富的蛋白质和各种维生素，滋润效果一流，适合各种皮肤，特别是敏感性的皮肤，可以消除皮肤的红肿和干燥。

④ 玫瑰籽油（rosehip oil） 含有一种叫做亚麻油酸的物质，可以治疗皮肤癣症，另外对女生有特别的作用，可以缓解多种有关月经的问题。

⑤ 月见草油（evening primrose oil） 很多健康药品都含有月见草油，可以缓解月经问题，调节女性的荷尔蒙。月见草油中含有亚麻油酸，可以治疗皮肤的癣症。

⑥ 小麦胚芽油（wheat germ oil） 有很多很丰富的维生素E，可以减少皱纹，同时还可以减少疤痕、黑斑等，比较适合干性的肌肤。

干性肌肤用得最多的应该是甜杏仁油和杏桃核仁油。

中性肌肤用甜杏仁油、葡萄籽油、霍霍巴油、杏桃核仁油等。

油性肌肤用霍霍巴油、葡萄籽油，因为这些基底油比较清爽。

混合性肌肤用霍霍巴油、葡萄籽油、杏桃核仁油。

第二节 按摩膏（霜、乳、精油）配方实例

配方1 按摩膏

原料配比

原料	配比(质量份)		
	1#	2#	3#
透明质酸钠	0.05	0.05	0.05
汉生胶	0.05	0.05	0.05
鲸蜡硬脂基葡糖苷	1.2	0.8	1.0
甘油	5.0	2.0	10.0
卡波姆	0.1	0.1	0.1
尿囊素	0.1	0.1	0.1
碳酸二乙基己酯	25	40	32
棕榈酸异己酯	40	25	30
环五聚二甲基硅氧烷	3.0	4.0	5.0
三乙醇胺	0.1	0.1	0.1
去离子水	0.5	0.5	0.5
辛甘醇	0.5	0.5	0.5
苯氧乙醇	0.4	0.4	0.4
香精	0.05	0.05	0.05
去离子水	加至100	加至100	加至100

制备方法

（1）预留适量去离子水，将透明质酸钠、汉生胶和卡波姆用甘油润湿，然后加入水相锅中，开始搅拌，依次加入剩余的去离子水、鲸蜡硬脂基葡糖苷和尿囊素，升温至80℃，保温10min。

（2）将碳酸二乙基己酯、棕榈酸异己酯和环五聚二甲基硅氧烷依次加入油相锅中，开始搅拌，混合均匀，并升温至80℃。

（3）乳化锅的搅拌速度保持在30r/min，将步骤（1）制得的混合物通过真空吸入，均质，然后将步骤（2）制得的混合物吸入，均质10min。

（4）将三乙醇胺和步骤（1）预留的适量去离子水混合均匀，然后加入乳

化锅中，搅拌均匀，降温。

(5) 搅拌降温至45℃以下时，加入辛甘醇、苯氧乙醇和香精，搅拌均匀；降至38℃时出料。

(6) 检验合格，灌装。

原料配伍 本品各组分质量份配比范围为：碳酸二乙基己酯25～40，棕榈酸异己酯25～40，甘油2～10，环五聚二甲基硅氧烷3～5，鲸蜡硬脂基葡糖苷0.8～1.2，汉生胶0.05，卡波姆0.1，三乙醇胺0.1，尿囊素0.1，透明质酸钠0.05，辛甘醇0.5，苯氧乙醇0.4，香精0.05，去离子水加至100。

产品应用 本品主要用作按摩膏。

使用方法：用手沾取适量（约5g）的膏体，均匀地涂抹在背部，用食指和中指轻轻顺时针涂抹，直至感到明显的阻力为止。

产品特性

(1) 采用天然糖苷类的乳化剂，配合汉生胶及卡波姆的增稠体系，是一款高油分含量的水包油型膏霜；

(2) 由于本配方形成的水油界面膜非常薄，油滴的粒径较大，在外力涂抹的作用下，可以轻松将这油膜挤破，油脂就会瞬间释放出来，产生非常神奇的“出油”效果；

(3) 本配方的油分含量非常高，比例为60%～80%，所以具有非常好的滋润和按摩效果。

配方2 腹部减肥按摩膏

原料配比

原料	配比(质量份)	原料	配比(质量份)
生大黄	7	硬脂酸	12
食盐	11	甘油	3
肉桂	5	益母草	5
蜂蜜	8	乙二酸二丁酯	5
生姜汁	9	异丙醇	7
芒硝	6	凡士林	4
皂角	8	水	适量
荷叶	10		

制备方法 先将生大黄、食盐、肉桂、芒硝、皂角、荷叶、益母草在温水中恒温浸泡12h后，过滤，向滤液中加入食盐、蜂蜜、生姜汁、甘油、硬脂酸、乙二酸二丁酯、异丙醇、凡士林，然后加热搅拌5h，最后蒸馏，将混合液中多余的水分蒸出后，抽真空冷却成膏状物。所述温水温度不超过50℃。所述温水加入量是原料量的20倍。所述加热搅拌的温度为95℃。

原料配伍 本品各组分质量份配比范围为：生大黄7，食盐11，肉桂5，蜂蜜 8，生姜汁 9，芒硝 6，皂角 8，荷叶 10，硬脂酸 12，甘油 3，益母草 5，乙二酸二丁酯 5，异丙醇 7，凡士林 4，水适量。

产品应用 本品主要用于腹部减肥按摩膏。

产品特性 本品配方简单，原料来源广泛，针对腹部比较松弛的肌肉进行减肥，同时具有使肌肤收紧的作用。

配方 3 功能型美白保湿按摩霜

原料配比

原料	配比(质量份)	原料	配比(质量份)
珍珠水解液	2.5	甘油	2
蚕丝水解液	2.5	维生素 E	1
HA 透明质酸	2.5	维生素 C	1
硬脂酸	5	乳化剂	1.5
十六醇	5	助渗剂	2
乙酰化羊毛脂	5	防腐剂与香精	1
白凡士林	2	去离子水	67

制备方法

(1) 将去离子水加热至 85℃，加入硬脂酸、十六醇、乙酰化羊毛脂、白凡士林、甘油、维生素 E，高速搅拌 20min，冷却至 50℃，加入珍珠水解液、蚕丝水解液、HA 透明质酸、维生素 C、乳化剂、助渗剂、防腐剂与香精，继续高速搅拌 20min，自然冷却。

(2) 当冷却至 38℃以下时，装瓶，即为美白保湿按摩霜成品。

原料配伍 本品各组分质量份配比范围为：珍珠水解液 2～3，蚕丝水解液 2～3，HA 透明质酸 2～3，硬脂酸 3～6，十六醇 3～6，乙酰化羊毛脂 3～6，白凡士林 1～2，甘油 1～2，维生素 E0.5～1，维生素 C 1～2，乳化剂 1.5，助渗剂 2，防腐剂与香精 1，去离子水加至 100。

产品应用 本品是一种功能型美白保湿按摩霜。

产品特性 本按摩霜在主要成分里面加入珍珠水解液、蚕丝水解液和由动物组织提取的 HA 透明质酸等活性物质，对皮肤具有显著的美白和保湿效果，可在皮肤按摩保健的同时起到美容作用，而且没有副作用。

配方 4 含白介素按摩膏

原料配比

原料	配比(质量份)	原料	配比(质量份)
白介素	3	尼泊金甲酯	0.03
十八醇	7	硼酸钠	5
单硬脂酸甘油酯	5	甘油	8

续表

原料	配比(质量份)	原料	配比(质量份)
鹿脂	8	柠檬黄	0.01
粟米油	13	尼泊金乙酯	0.01
凡士林	15	香料	适量
白矿油	20	去离子水	加至100
硅油	5		

制备方法

(1) 将十八醇、单硬脂酸甘油酯、鹿脂、粟米油、凡士林、白矿油、硅油、尼泊金甲酯等油相原料混合加热至80℃备用；

(2) 将硼酸钠、甘油、柠檬黄、尼泊金乙酯和去离子水等水相原料混合加热至80℃搅拌均匀备用；

(3) 将步骤(1)和步骤(2)所得混合物乳化均质15min，再冷却至40℃时加入香料搅拌均匀即可，灌装储存。

原料配伍 本品各组分质量份配比范围为：白介素3，十八醇7，单硬脂酸甘油酯5，鹿脂8，粟米油13，凡士林15，白矿油20，硅油5，尼泊金甲酯0.03，硼酸钠5，甘油8，柠檬黄0.01，尼泊金乙酯0.01，香料适量、去离子水加至100。

产品应用 本品是一种清洁嫩肤、去皱抗衰老的含白介素的按摩膏，对皮肤具有良好的清洁柔滑、去皱嫩肤的效果。

产品特性 本产品所用各原料产生协调作用，清洁嫩肤、去皱抗衰老；pH值与人体皮肤的pH值接近，对皮肤无刺激性；使用后明显感到舒适、柔软，无油腻感，具有明显的清洁柔滑、去皱嫩肤的效果。

配方5 含杜仲叶美白按摩霜

原料配比

原料	配比(质量份)	原料	配比(质量份)
杜仲叶提取物	1	丙三醇	2
硬脂酸	4	维生素E	0.5
十六醇	4	乳化剂	1.5
羊毛脂	4	防腐剂	1
霍霍巴油	5	香精	适量
白凡士林	2	去离子水	加至100

制备方法

(1) 杜仲叶提取物的提取方法：取一定量的杜仲叶，加十倍的水，煎煮0.5h，将水滤出，将两次的滤液混合，煎熬浓缩到有效成分与水比例为1∶1时，静置冷藏12h以上，然后在2500r/min的速度下离心30min使之成膏状，最后在−0.09MPa和60℃的条件下进行减压干燥，得到干膏，再按常规方法将其粉碎成粉状即可。

(2) 将去离子水加热至85℃，加入硬脂酸、十六醇、羊毛脂、霍霍巴油、白凡士林、丙三醇，高速搅拌20min，冷却至50℃，加入杜仲叶提取物、维生素E、乳化剂、防腐剂和香精，继续高速搅拌15min，自然冷却。

(3) 步骤(2)的混合物冷却至38℃以下时装瓶，即为本按摩霜。

原料配伍 本品各组分质量份配比范围为：杜仲叶提取物1，硬脂酸4，十六醇4，羊毛脂4，霍霍巴油5，白凡士林2，丙三醇2，维生素E 0.5，乳化剂1.5，防腐剂1，香精适量、去离子水加至100。

产品应用 本品是一种清洁滋养、美白抗皱的含杜仲叶美白按摩霜。

产品特性 本产品所述各原料产生协调作用，清洁滋养、美白抗皱；pH值与人体皮肤的pH值接近，对皮肤无刺激性；使用后明显感到舒适、柔软，无油腻感，具有明显的清洁、美白、抗衰老的效果。

配方6 护肤保养油茶籽按摩膏

原料配比

原料		配比(质量份)			
		1#	2#	3#	4#
油茶籽提取液	油茶籽粕粉	20	45	60	12
	80%乙醇	180	400	550	100
油茶籽提取液		20	50	60	15
芦荟汁		8	12	30	6
硬脂酸		8	16	20	6
白术粉		5	14	16	4
白芷粉		5	14	16	4
凡士林		12	30	40	6
精油	薰衣草精油	0.1	—	—	—
	玫瑰花精油	—	0.3	—	—
	柠檬香精油	—	—	0.4	—
	迷迭香精油	—	—	—	0.08
防腐剂	尼泊金甲酯	0.1	—	—	0.05
	尼泊金乙酯	—	0.15	—	—
	咪唑烷基脲	—	—	0.15	—

制备方法

(1) 称取油茶籽粕粉，加入80%的乙醇进行混合，于室温中在超声波频率为26kHz下进行超声萃取5～20min，随后在水浴加热中浸提1～3h，保持水浴温度为60～80℃，然后进行离心分离，过滤，得到油茶籽提取液；

(2) 将油茶籽提取液与芦荟汁倒入带搅拌器的容器中，加入硬脂酸、白术粉、白芷粉、凡士林、精油和防腐剂，在60～80℃下恒温搅拌，待混合物成均匀膏状后，冷却罐装，遮光储存。

原料配伍 本品各组分质量份配比范围为：油茶籽提取液15～60，芦荟汁5～30，白术粉3～18，白芷粉3～18，硬脂酸5～25，凡士林4～40，精油0.05～0.5，防腐剂0.05～0.2。

所述油茶籽提取液使用的油茶籽粕粉为油茶籽粕经过高速粉碎机粉碎，过筛除去杂质。

所述芦荟汁由新鲜芦荟捣碎并过滤除去残渣后，放入低温下冷藏备用。

所述白术粉和白芷粉的粒径小于0.05mm。

所述精油为薰衣草精油、玫瑰花精油、柠檬香精油、迷迭香精油其中的一种。

所述防腐剂为尼泊金甲酯、尼泊金乙酯、咪唑烷基脲其中的一种。

产品应用 本品是一种护肤保养油茶籽按摩膏。

产品特性

(1) 本品加入了芦荟、白术和白芷，与油茶籽提取液中的茶皂素和山茶油进行复合搭配，既能够提高按摩膏的美白润肤、清洁去污的能力，又能对皮肤进行全面的按摩和保养，兼顾了保湿、抗菌、消炎、预防皮肤疾病、抗过敏和去疲劳等功效。

(2) 本品所使用的原材料价格低廉易得，制备工艺简单易操作，属于物美价廉的日化产品，适用于大众人群使用。

配方7 缓解肌肉疲劳的按摩膏

原料配比

原料	配比(质量份)	原料	配比(质量份)
沉香醇百里香精油	5	丁二醇	1～1.5
迷迭香精油	10	透明质酸	1
丝柏精油	5	甘油聚丙烯酸酯	2～2.5
薄荷尤加利精油	10	三乙醇胺	2～2.5
去离子水	20	甲基异噻唑啉酮	0.5～1.5
甘油	10		

制备方法 先将沉香醇百里香、迷迭香、丝柏、薄荷尤加利等精油混合均匀，将去离子水、甘油等物质混合搅拌均匀，将精油混合液加入混合均匀即可。

原料配伍 本品各组分质量份配比范围为：沉香醇百里香精油5，迷迭香精油10，丝柏精油5，薄荷尤加利精油10，去离子水20，甘油10，丁二醇

1～1.5，透明质酸1，甘油聚丙烯酸酯2～2.5，三乙醇胺2～2.5，甲基异噻唑啉酮0.5～1.5。

产品应用 本品主要用于缓解肌肉疲劳的按摩膏。

产品特性 本产品的成分中，沉香醇百里香精油有助于缓解疲劳、神经疼痛，迷迭香精油可用于治疗肌肉扭伤，对处理各种肌肉问题非常有效，丝柏精油可安抚舒缓郁闷情绪、净化心灵、有收缩静脉血管缓解静脉曲张的作用。

配方8 紧肤按摩霜

原料配比

原料	配比(质量份)	原料	配比(质量份)
椰子油脂肪醇	5	大戟	2
脂肪醇聚氧乙烯醚	1	白芍	1
单十八(烷)酸丙三醇酯	1	丹参	2
山梨酸酐单油酸酯	0.5	藿香	1
聚氧乙烯山梨酸酐单油酸酯	1	没药	1.5
大黄	2	月见草油	0.5
川芎	2	姜油	1
枳壳	2	水	76.5

制备方法

(1) 按所述配比将大黄、川芎、枳壳、大戟、白芍、丹参、藿香、没药进行熬制、过滤，过滤后的中药混合汁待用。

按所述配比将椰子油脂肪醇、脂肪醇聚氧乙烯醚、单十八（烷）酸丙三醇酯、山梨酸酐单油酸酯，同时放入油相锅内加热到95℃。

按所述配比将聚氧乙烯山梨酸酐单油酸酯熬制过滤后的中药混合汁和水，同时放入水相锅内加热到95℃。

(2) 加热到95℃后，将油相锅内的物料和水相锅内的物料，同时放入反应锅内高速均质乳化。

(3) 待反应锅内乳化的物料，降温至60℃时，加入月见草油、姜油均匀搅拌，搅拌后的物料降温至30℃时，出料。

(4) 待物料至常温获得成品。

原料配伍 本品各组分质量份配比范围为：椰子油脂肪醇5，脂肪醇聚氧乙烯醚1，单十八（烷）酸丙三醇酯1，山梨酸酐单油酸酯0.5，聚氧乙烯山梨酸酐单油酸酯1，大黄2，川芎2，枳壳2，大戟2，白芍1，丹参2，藿香1，没药1.5，月见草油0.5，姜油1，水76.5。

产品应用 本品是一种紧肤按摩霜。

产品特性 本产品能够达到紧肤、健肤和美肤的效果，赘肉处有明显的收缩作用。通过皮下脂肪测试仪测试后，使用者的皮下脂肪的厚度普遍减少0.1～2mm。

配方 9　芦荟按摩膏

原料配比

原料	配比(质量份)		
	1#	2#	3#
芦荟原浆	10	15	13
海藻胶原素	6	9	8
巴西坚果油	2	6	4
旱金莲	4	7	5
植物蛋白	5	8	7
按摩颗粒	9	13	11
脂肪醇聚氧乙烯醚	2	5	3
烷基酚聚氧乙烯醚	1	3	2
氢氧化钾	0.2	0.8	0.5

制备方法　将各组分原料混合均匀即可。

原料配伍　本品各组分质量份配比范围为：芦荟原浆 10～15，海藻胶原素 6～9，巴西坚果油 2～6，旱金莲 4～7，植物蛋白 5～8，按摩颗粒 9～13，脂肪醇聚氧乙烯醚 2～5，烷基酚聚氧乙烯醚 1～3，氢氧化钾 0.2～0.8。

产品应用　本品是一种芦荟按摩膏。

产品特性　本品具有增强肌肤营养吸收、促进血液循环、保持皮肤白嫩，对人体皮肤无刺激的效果。

配方 10　乳房美肤保健按摩膏

原料配比

原料		配比(质量份)				
		1#	2#	3#	4#	5#
中药特效成分提取液(一)	香附	5	8	6	15	5
	白芍	5	7	8	15	5
	赤芍	8	8	8	5	15
	浙贝母	12	10	15	5	15
	蒲公英	12	10	10	15	15
	丹参	12	10	15	5	15
	丹皮	10	10	10	5	5
	山慈姑	5	5	5	10	15
	红花	10	8	10	5	5
	元胡	8	7	8	5	15
	柴胡	8	6	6	15	5
	黑栀	6	6	6	15	5
	川芎	7	7	6	5	15
	黄柏	10	5	10	10	15
	去离子水	1000	900	800	1000	1000
	乙醇	4	4	4	4	4
	丙二醇	4	4	4	4	4

续表

原料		配比(质量份)				
		1#	2#	3#	4#	5#
中药特效成分提取液(二)	去离子水	500	500	600	500	500
	乙醇	1	1	1	1	1
	丙二醇	1	1	1	1	1
油相组分	十六十八混合醇	1.5	1	2	1.5	1.5
	十六十八烷基醇(和)十六十八烷基葡萄糖苷	3	3	3	4	2
	硬脂酸甘油酯(和)PEG-100 硬脂酸酯	2	3	2	1	2
	异构十六烷烃	6	8	8	5	6
	新戊二醇二辛酸/癸酸酯	6	8	8	5	6
	白矿油	10	8	8	10	5
	霍霍巴油	3	3	2	3	4
	月见草油	2	1	2	2	2
	二甲基硅油	7	6	6	7	5
	尼泊金甲酯	0.2	0.2	0.2	0.2	0.3
	尼泊金丙酯	0.1	0.1	0.1	0.1	0.15
	二叔丁基对甲酚	0.03	0.03	0.03	0.05	0.04
水相组分	甘油	7	8	6	5	7
	氨基酸保湿剂	3	3	3	1	2
	银耳异聚多糖	0.015	0.02	0.02	0.015	0.01
	中药特效成分提取液	48.08	46.455	48.555	50	45
乳化剂	羟乙基丙烯酸盐/丙烯酰二甲基牛磺酸钠共聚物	0.5	0.6	0.5	0.8	1
植物精油及美肤添加剂	薄荷精油	0.03	0.04	0.04	0.05	0.01
	玫瑰天竺葵精油	0.03	0.04	0.04	0.02	0.05
	大豆异黄酮	0.4	0.4	0.4	0.1	0.5
防腐剂	2-甲基-4-异噻唑啉-3-酮和丁氨基甲酸-3-碘代-2-丙炔基酯及丙二醇的混合物	0.1	0.1	0.1	0.15	0.1
香精	乳香香精	0.015	0.015	0.015	0.02	0.01

制备方法

(1) 油相部分的制备：将配方量的异构十六烷烃、新戊二醇二辛酸/癸酸酯、白矿油、霍霍巴油、月见草油、二甲基硅油、尼泊金甲酯、尼泊金丙酯、二叔丁基对甲酚按比例称取后，加入带有搅拌器的不锈钢釜中，在转速 20～30r/min 的搅拌下加热溶解完全，并在 80～85℃温度下恒温消毒 20min，备用。

（2）水相部分的制备：将配方量的甘油、氨基酸保湿剂、银耳异聚多糖、中药特效成分提取液按比例称取后，先在不锈钢桶中加热溶解，之后抽到（通过滤网）不锈钢均质釜中，在20～30r/min的搅拌下继续加热到80～85℃，并恒温消毒20min，待用。

（3）将油相慢慢抽入水相中，并将刮壁搅拌转速增加到40～50r/min，搅拌2～3min后，开动高速均质器，在3000～5000r/min的高速下均质3～5min，之后将刮壁搅拌转速降到30～40r/min，并在此转速的搅拌下冷却到60℃。

（4）加入配方量的乳化剂，即羟乙基丙烯酸盐/丙烯酰二甲基牛磺酸钠共聚物，在20～30r/min的转速下搅拌20～30min，之后继续降温到40℃，加入配方量的薄荷精油、玫瑰天竺葵精油、大豆异黄酮、防腐剂和香精，继续在同样的转速下搅拌10～15min即可出料。

原料配伍 本品各组分质量份配比范围如下。

油相组分：十六十八混合醇1～2，十六十八烷基醇（和）十六十八烷基葡萄糖苷2～4，硬脂酸甘油酯（和）PEG-100硬脂酸酯1～3，异构十六烷烃5～8，新戊二醇二辛酸/癸酸酯5～8，白矿油5～10，霍霍巴油2～4，月见草油1～2，二甲基硅油5～8，尼泊金甲酯0.2～0.3，尼泊金丙酯0.1～0.15，二叔丁基对甲酚0.03～0.05。

水相组分：甘油5～8，氨基酸保湿剂1～3，银耳异聚多糖0.01～0.02，中药特效成分提取液45～50；所述中药特效成分提取液主要由香附、白芍、赤芍、浙贝母、蒲公英、丹参、丹皮、山慈姑、红花、元胡、柴胡、黑栀、川芎、黄柏各5～15，水800～1000，乙醇4，丙二醇4组成。

乳化剂：羟乙基丙烯酸盐/丙烯酰二甲基牛磺酸钠共聚物0.5～1。

植物精油及美肤添加剂：薄荷精油0.01～0.05，玫瑰天竺葵精油0.02～0.05，大豆异黄酮0.1～0.5。

防腐剂：2-甲基-4-异噻唑啉-3-酮和丁氨基甲酸-3-碘代-2-丙炔基酯及丙二醇的混合物0.1～0.15。

香精：乳香香精0.01～0.02。

所述的中药特效成分提取液通过如下方法制备得到。

（1）称取干品香附、白芍、赤芍、浙贝母、蒲公英、丹参、丹皮、山慈姑、红花、元胡、柴胡、黑栀、川芎、黄柏各5～15份，称量后加入有铁钢桶中；

（2）第一次熬制称取去离子水800～1000份、1～5份的乙醇和1～5份的丙二醇，熬制前先浸泡30min，然后用大火烧开，后改用小火熬制1.2～1.5h，之后用 600 目滤布过滤即得中草药特效成分提取液（一）；

（3）在滤渣中加入 400～600 份的去离子水及 1～2 份的乙醇及 1～2 份的丙二醇，大火烧开后，改用小火再熬制 1～1.2h，之后用 600 目滤布过滤，即得中草药特效成分提取液（二）；

（4）将步骤（2）、（3）所得的滤液混合均匀后即得最终中草药特效成分提取液，其总量应控制在添加总水量的一半左右。

产品应用 本品是用于乳房部位的美肤保健按摩膏。

本品适合在专业美容院使用，使用时应配合中医点穴推拿手法，并结合常规的专业美肤按摩手法。其操作过程如下。

（1）用热毛巾热敷肩背部，并做中医开穴推拿手法 8～10min。

（2）再用热毛巾热敷胸部，水温在 70℃为宜，热敷 3～5 次。

（3）用适量乳房美肤保健专用按摩膏做胸部中医点穴推拿消肿散结保健按摩手法，每侧 25min。

（4）清洗后，用 75%的医用酒精棉球轻擦乳头即可，亦可配合乳房美肤保健霜使用。

以上操作对普通患者：前 3 天每天一次，连做三次，以后 3 天一次，3 盒为一个疗程。对严重患者：每天一次，减轻后改用普通患者用量。对预防人群：每周一次即可。

产品特性 本产品将中药的治疗保健作用与按摩膏的美肤特点完美结合起来，并在功能上进行了细分，使美容院的具体操作者容易掌握和运用。中药成分来源于天然物质。本产品本身无害，优选合适的品种和用量，与常用的乳房用按摩膏结合后，可作为可以长期使用的乳房部用美肤保健品，达到很好的预防疾病，治疗疾病及美肤护肤效果。

配方 11 透骨香药物按摩乳

原料配比

原料		配比(质量份)
油溶性组分	硬脂酸	5
	鲸蜡醇	3
	单硬脂酸甘油酯	2.5
	白油	6
	蜂蜡	2.5
	透骨香油	3.5

续表

原料		配比(质量份)
水溶性组分	月桂醇硫酸钠	1
	三乙醇胺	0.2
	甘油	5
	乳香	1
	没药	1
	红花	1
	黄柏	0.5
	川芎	1
	当归	1
	一枝蒿	2
	生葱	5
	辣椒	0.5
	冰片	0.5
	香料	适量
	防腐剂	适量

制备方法

(1) 由硬脂酸、鲸蜡醇、单硬脂酸甘油酯、白油、蜂蜡、透骨香油组成油溶性组分；

(2) 由月桂醇硫酸钠、三乙醇胺、甘油、乳香、没药、红花、黄柏、川芎、当归、一枝蒿、辣椒、生葱经醇提水沉淀法加工提取的水溶性组分；

(3) 将上述油溶性组分和水溶性组分分别加热至相同温度（80～95℃），再将水溶性组分倒入油溶性组分中，经搅拌混合，于80～90℃恒温10min；

(4) 降温至40℃左右时加入冰片（0.1%～2%）、香料、防腐剂并搅拌成为药物乳状液。

原料配伍 本品各组分质量份配比范围如下。

油溶性组分：硬脂酸1～10，鲸蜡醇0.5～6，单硬脂酸甘油酯0.5～3，白油1～15，蜂蜡0.5～5，透骨香油0.3～10。

水溶性组分：月桂醇硫酸钠0.5～3，三乙醇胺0.1～1，甘油3～15，乳香0.5～3，没药0.5～3，红花0.8～5，黄柏0.5～2，川芎1～10，当归1～10，一枝蒿2～5，辣椒0.5～1，生葱5～15。

冰片0.1～2，香料、防腐剂适量。

产品应用 本品主要用作按摩乳。

产品特性 本产品具有祛风除湿、解除疲劳、消肿止痛的功效。

配方 12　薰衣草按摩膏

原料配比

原料	配比(质量份)	原料	配比(质量份)
薰衣草提取物	13	吐温-60	1
蜂蜡	10	氨基酸	0.1
白油	10	丙二醇	0.2
肉豆蔻酸异丙酯	20	硼砂	3
十六醇	3	香精	适量
羊毛脂	3	防腐剂	适量
单硬脂酸甘油酯	2	去离子水	加至 100

制备方法

(1) 将去离子水加热至 85℃，加入蜂蜡、白油、肉豆蔻酸异丙酯、十六醇、羊毛脂、单硬脂酸甘油酯、吐温-60、氨基酸、丙二醇、硼砂，高速搅拌 20min，冷却至 50℃，加入薰衣草提取物、硼砂、防腐剂和香精，继续高速搅拌 15min，自然冷却；

(2) 步骤 (1) 的混合物冷却至 38℃以下时装瓶，即为本按摩膏。

原料配伍　本品各组分质量份配比范围为：薰衣草提取物 13，蜂蜡 10，白油 10，肉豆蔻酸异丙酯 20，十六醇 3，羊毛脂 3，单硬脂酸甘油酯 2，吐温-60 1，氨基酸 0.1，丙二醇 0.2，硼砂 3，香精、防腐剂适量，去离子水加至 100。

产品应用　本品主要用于任何肌肤的按摩膏，能清洁抑菌、松弛神经、促进细胞再生，对皮肤具有良好的淡化疤痕、清洁养肤的效果。

产品特性

(1) 本按摩膏对皮肤无刺激性，使用后明显感到舒适、柔软，无油腻感，具有明显的淡化疤痕、清洁养肤的效果。

(2) 本产品所述各原料产生协调作用，清洁抑菌、松弛神经、促进细胞再生；产品 pH 值与人体皮肤的 pH 值接近，对皮肤无刺激性；使用后明显感到舒适、柔软，无油腻感，具有明显的淡化疤痕、清洁养肤的效果。

配方 13　腰腿部护肤保健按摩膏

原料配比

原料		配比(质量份)		
		1#	2#	3#
中草药特效成分提取物	鲜生姜	150	200	180
	干桂皮	30	40	50
	干品红花	10	5	12
	玉竹	5	5	12
	黄芪	5	10	10
	三七	5	10	12
	当归	5	5	10
	牛膝	8	10	12
	独活	8	5	10
	元胡	10	10	12
	去离子水	1500	1400	1400
	乙醇	9	9	8
	丙二醇	9	9	8
油相组分	十六十八混合醇	1.6	2	2
	单硬脂酸甘油酯	1.6	2	2
	十六十八烷基醇(和)十六十八烷基葡萄糖苷	2	2.4	3
	异构十六烷烃	12	15	14
	白矿油	16	18	17
	霍霍巴油	2.8	1.6	3
	二甲基硅油	6	7	8
	尼泊金甲酯	0.2	0.25	0.2
	尼泊金丙酯	0.1	0.1	0.1
	二叔丁基对甲酚	0.03	0.03	0.04
水相组分	丙三醇	8	8	8
	氨基酸保湿剂	2.4	1.5	3
	中药特效成分提取液	45	40	37
乳化剂	羟乙基丙烯酸盐/丙烯酰二甲基牛磺酸钠共聚物	2	2	2.44
防腐剂	2-甲基-4-异噻唑啉-3-酮和丁氨基甲酸-3-碘代-2-丙炔基酯及丙二醇的混合物	0.24	0.1	0.2
香精	乳香香精	0.03	0.02	0.02

制备方法

(1) 油相部分的制备：将配方量的十六十八混合醇、单硬酯酸甘油脂、十六十八烷基醇（和）十六十八烷基葡糖苷、异构十六烷烃、白矿油、霍霍巴油、二甲基硅油、尼泊金甲酯、尼泊金丙酯、二叔丁基对甲酚按比例称取后，加入带有搅拌器的不锈钢釜中，在转速 20～30r/min 的搅拌下加热溶解完全，并在 80～85℃温度下恒温消毒 20min，备用。

(2) 水相部分的制备：将配方量的丙三醇、氨基酸保湿剂、中药特效成分提取液按比例称取后，先在不锈钢桶中加热溶解，之后抽到（通过滤网）不锈钢均质釜中，在20～30r/min的搅拌下继续加热到80～85℃，并恒温消毒20min，待用。

（3）将油相慢慢抽入水相中，并将刮壁搅拌转速增到40～50r/min，搅拌2～3min后，开动高速均质器，在3000～5000r/min的高速下均质3～5min，之后将刮壁搅拌转速降到30～40r/min，并在此转速的搅拌下冷却到60℃。

（4）加入配方量的乳化剂，即羟乙基丙烯酸盐/丙烯酰二甲基牛磺酸钠共聚物在20～30r/min的转速下搅拌20～30min，之后继续降温到40℃，加入配方量的防腐剂和香精，继续在同样的转速下搅拌10～15min即可出料。

原料配伍 本品各组分质量份配比范围如下。

油相组分：十六十八混合醇1～2，单硬脂酸甘油酯1～2，十六十八烷基醇（和）十六十八烷基葡萄糖苷1～3，异构十六烷烃10～15，白矿油15～20，霍霍巴油1～3，二甲基硅油5～10，尼泊金甲酯0.2～0.3，尼泊金丙酯0.1～0.15，二叔丁基对甲酚0.03～0.05。

水相组分：丙三醇5～8，氨基酸保湿剂1～3，中药特效成分提取液35～45。

乳化剂：羟乙基丙烯酸盐/丙烯酰二甲基牛磺酸钠共聚物1～2.5。

防腐剂：2-甲基-4-异噻唑啉-3-酮和丁氨基甲酸-3-碘代-2-丙炔基酯及丙二醇的混合物0.1～0.3。

香精：乳香香精0.01～0.03。

所述的中草药成分提取液由下述质量份的原料制成：鲜生姜150～200，干桂皮20～50，干品红花、玉竹、黄芪、三七、当归、牛膝、独活、元胡各5～15，去离子水1300～1500，乙醇5～10，丙二醇5～10。

所述的中草药成分提取液通过如下方法制备得到。

（1）将150～200份的鲜生姜用自来水洗净，再用去离子水洗净，然后用75%乙醇溶液消毒，之后用擦子加工成直径为（6～7）mm×（20～40）mm的长条，放入不锈钢桶中；

（2）将20～50份的干桂皮先用自来水洗净，再用去离子水洗净，加工成30～50mm的长条状，加入到不锈钢桶中；

（3）称取干品红花、玉竹、黄芪、三七、当归、牛膝、独活、元胡各5～15份，加入到不锈钢桶中；

（4）称取去离子水1300～1500份，分两次加入到不锈钢桶中，第一次熬制加入700～800份的去离子水，第二次熬制加入600～700份的去离子水；

（5）称取5～10份的乙醇，5～10份的丙二醇，分两次加入到不锈钢桶中，第一次熬制各加入3～6份的乙醇和丙二醇，第二次熬制时各加入2～4份的乙醇和丙二醇；

(6) 第一次熬制前先浸泡 30min，然后用大火烧开，后改用小火熬制 90～120min，之后用 600 目滤布过滤即得第一部分中草药特效成分提取液；

(7) 在滤渣中加入 600～700 份的去离子水及 2～4 份的乙醇及 2～4 份的丙二醇，大火烧开后，改用小火再熬制 60～90min，之后用 600 目滤布过滤，即得第二部分中草药特效成分提取液；

(8) 将第一部分中草药特效成分提取液和第二部分中草药特效成分提取液混合均匀后即得最终中草药特效成分提取液。

产品应用 本品主要用于腰腿部护肤保健按摩膏。

腰腿部按摩膏用于腰腿部护理，除采用专业的按摩手法外，还可以配合拔罐（即有氧磁疗气压罐）及艾灸使用，其操作过程如下。

(1) 先将身体熏蒸或沐浴；

(2) 取适量腰腿部专用按摩膏，用专业按摩手法做腰腿部按摩；

(3) 做完按摩后，将八髎区和丹田区搓热，将腿部委中穴和脚底搓热；

(4) 根据身体状况用有氧磁疗气压罐，在对应的穴位和经络处拔罐；

(5) 用艾灸条点燃放置悬灸仪内做腰部和腿部悬灸 20～30min；

(6) 操作前后喝一杯温热玫瑰花茶。

产品特性 本品将中草药的治疗保健作用与按摩膏的护肤特点有效地结合起来，使人们能在日常美容护理的同时，达到预防、调治腰腿部亚健康及部分疾病的效果。腰腿部是人们容易疲劳和损伤的部位，传统的中药膏及贴剂，往往只在腰部疾病严重时才使用，且不能常用；而传统的按摩膏又缺乏相应的中草药治疗保健成分，虽然采用了专业的按摩手法，但效果上却难达到理想。本产品优选具有良好活血化瘀、补血调气的多种中草药成分，尤其是以能够长期外用的生姜、桂皮、红花等为主要成分，将药疗、理疗、保健、护肤有机地结合起来，长期使用后，可达较好的养生保健、护肤美肤效果。倘若再配合拔罐艾灸及专业按摩手法的运用，则效果更好。

配方 14 用于减肥美容的白芷按摩乳

原料配比

原料	配比(质量份)		
	1#	2#	3#
绞股蓝提取液	3	4	5
茶叶提取液	1	4	3
海藻提取液	2	4	3
芦荟提取液	2	1	1
丹参提取液	4	3	6
红花提取液	1	2	2
益母草提取液	4	4.5	6

续表

原料	配比(质量份)		
	1#	2#	3#
白芷提取液	5	5	4
脂肪醇聚醚硫酸盐	15	13	13
烷基醇酰胺	3	3	5
甜菜碱	3.5	3	4
吐温-80	2	2	2
单甘酯	3	4	3
十六十八醇	2	3	2
丙二醇	5	5	3
柠檬酸	0.4	0.5	0.4
尼泊金甲酯	0.1	0.1	0.1
尼泊金丙酯	0.1	0.1	0.1
去离子水	加至100	加至100	加至100

制备方法

(1) 将适量的水加入到带有搅拌器的不锈钢预热釜A中，在约70℃的温度下，边搅拌边依次加入配方量的脂肪醇聚醚硫酸盐、吐温-80、丙二醇、尼泊金甲酯及丙酯，升温至90～95℃，使之全部溶解。

(2) 在另一不锈钢预热釜B中，将配方量单甘酯、十六十八醇加热熔化，过滤后，将其倒入釜A中，并不断搅拌15min。

(3) 将釜A中的液体降温至约75℃时，加入配方量的烷基醇酰胺和甜菜碱，充分搅拌20min。

(4) 依次将配方量的中药植物提取液加入到釜A中，并搅拌15～20min。

(5) 用柠檬酸水溶液调节釜A中液体的pH值至4～7.5。

(6) 将釜A中液体不断搅拌降温，出料，其温度为40～45℃。

(7) 静置24h后分装。

原料配伍 本品各组分质量份配比范围为：绞股蓝提取液3～5，茶叶提取液1～4，海藻提取液2～4，芦荟提取液1～2，丹参提取液3～6，红花提取液1～4，益母草提取液2～6，白芷提取液2～5，脂肪醇聚醚硫酸盐13～15，烷基醇酰胺3～5，甜菜碱3.5～5，吐温-80 1～3，单甘酯3～4，十六十八醇2～3，丙二醇3～5，柠檬酸0.4～0.5，尼泊金甲酯0.1，尼泊金丙酯0.1，去离子水加至100。

所述的中药植物提取液的制法如下。

(1) 根据用量，分别将中药去除杂质，粉碎后，置煎煮罐中加水浸泡，一般水量为中药的7～10倍或10～20倍，浸泡3～5h，加热煎煮2～3h后过滤，保留滤液，再加适量的水于药渣中（浸没药渣即可），煎煮1～1.5h，压榨过滤后，合并两次滤液，用蒸发器蒸发得1∶1的药液，即每1mL药液相当于1g

药材。

（2）茶叶提取液是将茶叶与沸水按1∶20质量比浸泡12h，取其上清液得到。

产品应用 本品主要用于减肥美容按摩乳。

产品特性 本品的有效成分可通过皮肤的吸收，抑制脂肪在体内的积蓄，有明显的降血脂作用。本品的有效成分可抑制肠道对脂肪的吸收，减小脂肪在体内的积蓄，最终达到在正常代谢下完成腹围的减小和体重的降低。

配方15 展筋按摩乳剂

原料配比

原料	配比(质量份)		
	1#	2#	3#
血竭	400	600	700
续断	80	90	100
人工麝香	50	55	60
平平加O	30	35	40
珍珠粉	60	75	100
混合醇	150	170	180
人工牛黄	15	17	20
硬脂酸	100	110	120
当归	80	90	100
白油	70	80	90
三七	80	90	100
丙二醇	150	180	200
乳香	80	90	100
丙三醇	70	85	100
没药	80	90	100
姜花香精	10	13	15
伸筋草	80	90	100
氮酮	30	33	35
卡松	5	8	10

制备方法

（1）将血竭粉碎至极细粉；

（2）将珍珠粉（300目）与人工麝香、人工牛黄配研成极细粉；

（3）取当归、三七、乳香、没药、伸筋草、续断用50%～60%乙醇回流提取数次，每次加10倍量50%～60%乙醇，提取2h，合并提取液回收乙醇，并浓缩至浸膏；

（4）取平平加O、水混合加热至澄清，再加入丙二醇、丙三醇与浸膏加热混匀，保持温度在80～90℃备用；

（5）取混合醇、硬脂酸、白油混合，加热混匀，保持温度在80～90℃

备用；

（6）把步骤（4）、（5）的混合物搅匀、室温放置至60℃左右，加入步骤（1）、（2）的物质混匀，再加入氮酮、卡松、姜花香精混匀制得乳剂，室温放置24h分装。

原料配伍 本品各组分质量份配比范围为：血竭400～700，人工麝香50～60，人工牛黄15～20，珍珠粉60～100，当归80～100，三七80～100，乳香80～100，没药80～100，伸筋草80～100，续断80～100，平平加O 30～40，混合醇150～180，硬脂酸100～120，白油70～90，丙二醇150～200，丙三醇70～100，氮酮30～35，卡松5～10，姜花香精10～15。

产品应用 本品主要用作跌打损伤、慢性劳损所致的急慢性软组织损伤、颈肩腰痛等骨伤的按摩乳。

产品特性 本产品为油包水型乳剂、颗粒细、油润性好、用后皮肤易清洗，配合手法按摩使用，取适量敷于患处或穴位，反复按摩至局部发热。其所含的透皮吸收剂氮酮，增加了药物透过皮肤的性能。

配方16 中药防脱头皮按摩膏

原料配比

原料		配比(质量份)		
		1#	2#	3#
棕榈酸异辛酯		20	20	20
凡士林		20～25	20～25	20～25
维生素E		10	10	10
蓖麻油		2～9	2～9	2～9
蜂蜡		9～12	9～12	9～12
烷基苯磺酸钠		8～10	8～10	8～10
植物蛋白		5	5	5
中药添加剂		15	15	15
叔丁羟基茴香醚		5～8	5～8	5～8
水杨酸钠		3～4	3～4	3～4
中药添加剂	首乌藤	20	20	20
	菟丝子	10	10	10
	生半夏	3	3	3
	生姜	5	5	5
	车前草	2	2	2
	枸杞子	8	8	8
	杏仁	10	10	10
	鹿茸片	3.5～5	3.5～5	3.5～5
	羊骨	2～2.5	2～2.5	2～2.5
	干贝	8	8	8
	白酒	1000	1000	1000

制备方法

（1）制备中药添加剂如下。

① 将中药按配比混合均匀；

② 将步骤①中混合的中药至于砂锅中，加入水，水没过中药2～3cm，升高砂锅的温度，使砂锅内的液体沸腾，后调整温度，使砂锅内在100℃恒温，2～3h；

③ 将煮好的混合物滤渣，去杂质后，溶于白酒中，既得中药添加剂。

（2）将棕榈酸异辛酯、凡士林、维生素E、蓖麻油和蜂蜡充分搅拌并加热至65℃，保温30min后，形成A组分。

（3）在A组分中加入植物蛋白、中药添加剂和烷基苯磺酸钠后，将温度升至80℃进行乳化反应15～20min，降温至50℃后，加入叔丁羟基茴香醚和水杨酸钠，搅拌均匀后，静置20min，即成。

原料配伍 本品各组分质量份配比范围为：棕榈酸异辛酯20，凡士林20～25，维生素E10，蓖麻油2～9，蜂蜡9～12，乳化剂8～10，植物蛋白5，中药添加剂15～20，抗氧化剂5～8，防腐剂3～4。

所述防腐剂为水杨酸钠。

所述抗氧化剂为叔丁羟基茴香醚。

所述乳化剂为烷基苯磺酸钠。

产品应用 本品是一种中药防脱头皮按摩膏。

产品特性 本产品提供的一种中药防脱头皮按摩膏，采用鹿茸片和羊骨的中药添加剂，补充头皮的钙质，刺激头皮的血液循环，并且增加发根的韧度，从而达到防治脱发的目的。

配方17 中药减肥按摩膏

原料配比

原料	配比(质量份)		原料	配比(质量份)	
	1#	2#		1#	2#
茯苓	125	120	菊花	30	30
荷叶	125	130	菟丝子	40	40
白术	125	120	山楂	40	40
泽泻	125	125	川芎	40	40
丹参	125	125	左旋肉碱	100	100
薏米	100	90	冰片	90	100
枳实	90	90	聚乙二醇	200	200
芦荟	30	30	单硬脂酸甘油酯	200	200

制备方法 在常温下将所述量的茯苓、荷叶、白术、泽泻、丹参、薏米、枳实、芦荟、菊花、菟丝子、山楂、川芎拣净去杂、烘干、粉碎，过120目筛，将粉末和所述量的冰片、左旋肉碱、聚乙二醇、单硬脂酸甘油酯放入带搅

拌器的容器中在50～60℃的恒温下搅拌1～2h，冷却乳化成均匀的膏状后灌装制备而成。

原料配伍 本品各组分质量份配比范围为：茯苓100～150、荷叶100～150、白术100～150、泽泻100～150、丹参100～150、薏米80～100、枳实80～100、芦荟20～50、菊花20～50、菟丝子20～50、山楂20～50、川芎20～50、左旋肉碱80～100、冰片80～100、聚乙二醇100～300、单硬脂酸甘油酯100～300。

产品应用 本品是以天然药材为主原料制备的治疗肥胖的一种中药减肥按摩膏。

产品特性

（1）在脂肪堆积部位按摩、揉擦，可刺激穴位、经络，疏通气血，平衡阴阳，加快血液循环、脂肪分解、调节肠胃蠕动等，30min后将本产品所述的药物涂抹于该部位并用保鲜纸缠绕密封。人体经过按摩，局部组织内循环系统开放，药物能从皮肤进入体内，增进新陈代谢，皮肤表面温度升高，能清除表皮的衰老细胞，加快皮肤的呼吸状态，恢复松弛肌肉弹性，增强其韧性及光泽度。

（2）本品中的药物完全可以透过皮肤而被吸收，其途径主要是通过角质、细胞间质及毛囊、皮脂腺等。药物可以通过皮肤随着经络运行而到达脏腑，起到调整机体的作用。

配方18 中药瘦身按摩膏

原料配比

原料		配比(质量份)		
		1#	2#	3#
中药提取浓缩液	茯苓	9	8	12
	杜仲	6	4	8
	地黄	10	12	12
	茺蔚子	9	10	9
	冬虫夏草	0.24	0.35	0.15
	麦冬	5	8	8
	牛膝	4	5	3
	大枣	3	4	4
	远志	3	4	2
	栝蒌	10	12	8
	柏叶	6	4	4
	地黄	10	8	8
	山楂	7	8	8
	荷叶	9	10	8
	决明子	6	8	4
	荠苨	6	4	4
	玉竹	6	4	4

续表

原料		配比(质量份)		
		1#	2#	3#
A相	去离子水	50	45	55
	甜菜碱	3	3	2
	黄原胶	0.3	0.3	0.2
	透明质酸钠	0.15	0.15	0.1
	EDTA二钠	0.1	0.15	0.2
	丙二醇	10	10	8
B相	角鲨烷	10	10	12
	乳化剂	5	6	4
	生育酚	0.3	0.3	0.1
C相	辅助剂	0.15	0.2	0.05
	防腐剂	6	6	7
D相	中药提取浓缩液	15	20	25

制备方法 称量表中质量份的组分，将A相、B相以及C相内组分分别在高温下混匀，将B相以及C相加入A相中，搅拌均匀，再将D相加入其中，搅拌均匀，最后将混合液真空均质乳化后冷却制成膏状即可。

原料配伍 本品各组分质量份配比范围为：中药提取浓缩液15～25，基料75～85。

所述的中药提取浓缩液的有效成分是由下列质量份的原料制备而成：茯苓8～12，杜仲4～8，地黄8～12，茺蔚子7～10，冬虫夏草0.15～0.35，麦冬4～8，牛膝3～5，大枣2～4，远志2～4，栝蒌8～12，柏叶4～7，地黄8～12，山楂5～8，荷叶8～10，决明子4～8，荠苨4～8，玉竹4～8。

所述的中药提取浓缩液制备方法：按上述质量份称取中药材，充分混合，粉碎成粗粉，置于超生提取器中，连续进行两次提取，将两次提取的提取液混合，浓缩成稠膏即可。

所述的基料包括以下质量份的组分：去离子水29.20～58.65、丙二醇8～12、角鲨烷8～12、生育酚0.1～0.5、甜菜碱2～4、黄原胶0.1～0.5、透明质酸钠0.05～0.3、EDTA二钠0.05～0.2、乳化剂4～8、辅助剂0.05～0.3、防腐剂4～8。

所述的乳化剂为聚二甲基硅氧烷、甘油硬脂酸酯、硬脂酸酯中的任一种或几种。

所述的防腐剂为双咪唑烷基脲、碘丙炔醇丁基氨甲酸酯中的任一种或两种。

所述的辅助剂为库拉索芦荟叶提取物、积雪草提取物、母菊提取物、糖蛋白中的任一种或几种。

产品应用 本品是一种中药瘦身按摩膏。

产品特性　本产品选用的中药提取浓缩液，可起到消除脂肪以及调节人体内分泌等功效，并且可保持皮肤弹性，安全无刺激。

配方 19　足部按摩膏

原料配比

原料	配比(质量份)		
	1#	2#	3#
水	90	150	120
鲸蜡硬脂醇	40	60	50
棕榈酸异丙酯	25	55	40
山梨醇酐硬脂酸酯	30	60	45
聚二甲基硅氧烷	45	75	60
氢化霍霍巴油	30	80	55
异硬脂醇聚醚	25	65	45
尿囊素	10	40	25
薰衣草油	20	30	25
羟苯甲酯	30	70	50
蓖麻蜡	25	55	40
羟苯丙酯	10	30	20
黄原胶	8	20	15

制备方法　将水、鲸蜡硬脂醇、棕榈酸异丙酯、山梨醇酐硬脂酸酯、聚二甲基硅氧烷、氢化霍霍巴油、异硬脂醇聚醚混合后，加热到 60～70℃，加入薰衣草油、羟苯甲酯、蓖麻蜡、羟苯丙酯、黄原胶保温 10～30min，搅拌冷却至 35～40℃时，加入尿囊素，混合均匀即可。

原料配伍　本品各组分质量份配比范围为：水 90～150，鲸蜡硬脂醇 40～60，棕榈酸异丙酯 25～55，山梨醇酐硬脂酸酯 30～60，聚二甲基硅氧烷 45～75，氢化霍霍巴油 30～80，异硬脂醇聚醚 25～65，尿囊素 10～40，薰衣草油 20～30，羟苯甲酯 30～70，蓖麻蜡 25～55，羟苯丙酯 10～30，黄原胶 8～20。

所述的异硬脂醇聚醚为异硬脂醇聚醚-20 或异硬脂醇聚醚-21。

产品应用　本品是一种足部按摩膏，该足部按摩膏能去除老化角质，滋润双足。

产品特性　采用本产品能温和去除积聚足部的老化角质，加速表皮更新，有助于溶解皮脂，软化脚茧，且不会伤害细嫩的脚背皮肤，添加了氢化霍霍巴油，可起到养肌健肤的效果。

配方 20　按摩精油

原料配比

原料	配比(体积份)		
	1#	2#	3#
梅片树油	20	20	20
葡萄柚精油	5	—	5
山茶油	—	15	15
柑橘精油	3.5	3.5	3.5
甜杏仁油	2	2	2
洋甘菊精油	5	5	5
杜松精油	2	2	2
透明质酸	0.4	0.4	0.4
基础油(霍霍巴油)	加至1L	加至1L	加至1L

制备方法　将梅片树油、山茶油、葡萄柚精油、柑橘精油、甜杏仁油、洋甘菊精油和杜松精油混匀；接着加入透明质酸和基础油，混匀，得到按摩精油。

原料配伍　本品各组分体积份（mL）配比范围为：梅片树油10～20，山茶油10～20，葡萄柚精油2～5，柑橘精油2～5，甜杏仁油2～5，洋甘菊精油2～5，杜松精油2～5，透明质酸0.1～0.5，基础油加至1L。

产品应用　本品主要用于制备皮肤护理产品。

使用方法　将按摩精油涂布于皮肤表面，按摩即可。按摩的时间优选10min。

产品特性

(1) 本产品使用的透明质酸采用大分子透明质酸、中分子透明质酸、小分子透明质酸以1∶1∶1混合使用，从而克服了单一透明质酸的护肤限制，发挥其最佳功效。

(2) 本产品使用梅片树油不仅具有抗菌消炎的作用，同时还是良好的透皮促进剂，促使皮肤表皮细胞细胞膜进行重排，协同增强皮肤对山茶油、葡萄柚精油、柑橘精油、洋甘菊精油、甜杏仁油、杜松精油等的吸收，从而提高各精油的利用度；按摩精油在改善皮肤干燥、皮肤瘙痒等方面具有显著的效果。

(3) 透明质酸不仅能够促进按摩精油的稳定，避免精油的挥发，而且具有较强的保湿能力，是理想的补水产品。

配方 21　固本健肾按摩精油

原料配比

原料	配比（质量份）		
	1#	2#	3#
薰衣草精油	5	5.1	5.2
茶树精油	4.7	4.8	4.9
丝柏精油	0.7	0.8	0.9
艾叶精油	1	1.1	1.2
野山茶籽油	49.9	50	50.1
马郁兰精油	0.8	0.9	1
肉桂精油	1	1.1	1.2
茉莉精油	0.9	0.8	0.7
檀香精油	0.7	0.6	0.5
佛手柑精油	0.9	0.8	0.7
柠檬草精油	1.3	1.2	1.1
葡萄籽油	25.1	25	24.9
神香草精油	1	0.9	0.8
白里香精油	0.8	0.7	0.6
迷迭香精油	1.2	1.2	1.2

制备方法　按上述质量份称取各组分，搅拌混合均匀，即可制得固本健肾按摩精油。

原料配伍　本品各组分质量份配比范围为：薰衣草精油 5～5.2，茶树精油 4.7～4.9，丝柏精油 0.7～0.9，艾叶精油 1～1.2，野山茶籽油 49.9～50.1，马郁兰精油 0.8～1，肉桂精油 1～1.2，茉莉精油 0.7～0.9，檀香精油 0.5～0.7，佛手柑精油 0.7～0.9，柠檬草精油 1.1～1.3，葡萄籽油 24.9～25.1，神香草精油 0.8～1，白里香精油 0.6～0.8，迷迭香精油 1.2。

所述茶树精油是由茶树叶通过水蒸气蒸馏得到的，其中蒸馏时间为 5h，蒸馏速度为 120mL/h。

所述艾叶精油是艾叶通过水蒸气蒸馏得到的，其中蒸馏时间为 4h，蒸馏速度为 100mL/h。

所述野山茶籽油是由野山茶籽经过 20℃低温烘干随后经过压榨得到粗野山茶籽油，接着通过超临界二氧化碳萃取得到的。

所述肉桂精油是由肉桂通过超临界二氧化碳萃取得到的。

所述茉莉精油是由茉莉花经过用正己烷和水进行抽提，静置分层后将油层通过真空滤油机分离过滤得到的。

所述迷迭香精油是通过水蒸气蒸馏得到的，其中蒸馏时间为 6h，蒸馏速度为 120mL/h。

产品应用　本品主要用于保健品加工技术领域。

产品特性　本产品可通过精油导入体内，可疏肝理气、增强肝的储血和解毒的功能，调节心情与肤色，排除体内毒素，疏通全身经络，加速肾部周边血液流通顺畅，提高肾功能的免疫力和藏精功能。对于肾气不足引起的尿急、尿频有很明显的增生的辅助治疗作用；并可调节内分泌、改善睡眠，调理肾水，缓解泌尿系统疾病，有调节和辅助治疗作用；对改善睡眠和提高睡眠质量，恢复加强记忆力有显著效果。肾功能改善后，它可以起到淡化皱纹、色斑，提亮肤色的作用。

配方 22 肩颈疏通按摩精油

原料配比

原料	配比(质量份)		
	1#	2#	3#
洋甘菊精油	0.9	1	1.1
迷迭香精油	0.7	0.8	0.9
杜松精油	0.5	0.6	0.7
薰衣草精油	3.9	4	4.1
红花油	0.4	0.5	0.6
薄荷精油	1.7	1.8	1.9
艾叶油	2.9	2.8	2.7
霍霍巴油	76.3	76.2	76.1
桉叶油	5.1	5	4.9
尤加利精油	4.9	4.8	4.7
黑胡椒精油	1	0.9	0.8
茉莉精油	0.6	0.5	0.4
芫荽精油	1.1	1.1	1.1

制备方法 按上述质量份称取各组分，搅拌混合均匀，即可制得肩颈疏通按摩精油。

原料配伍 本品各组分质量份配比范围为：洋甘菊精油 0.9～1.1，迷迭香精油 0.7～0.9，杜松精油 0.5～0.7，薰衣草精油 3.9～4.1，红花油 0.4～0.6，薄荷精油 1.7～1.9，艾叶油 2.7～2.9，霍霍巴油 76.1～76.3，桉叶油 4.9～5.1，尤加利精油 4.7～4.9，黑胡椒精油 0.8～1，茉莉精油 0.4～0.6，芫荽精油 1.1。

产品应用 本品主要用于肩颈疏通按摩精油。适用于久坐伏案人士、手机族人群、肩颈酸痛、僵硬、肩颈不好引起的睡眠不好，易疲劳，偏头痛等人群。

产品特性 本品可通过精油导入体内，调节肩颈微循环和神经中枢系统的功能，排除肩颈淋巴循环血液中的毒素及代谢的酸性物质，缓解疲劳，改善睡眠质量，提高人体免疫力，对肌肉酸痛、肩周炎、脊椎病都有很好的预防和调节治疗的作用；适用于久坐伏案人士、手机族人群、肩颈酸痛、僵硬、肩颈不好引起的睡眠不好，易疲劳，偏头痛等人群。

配方 23　紧致按摩精油

原料配比

原料		配比(质量份)		
		1#	2#	3#
复合抗氧化剂	乳酸链球菌素	3	—	—
	海藻糖	3	—	—
	甘草抗氧化物	30	—	—
	茶多酚	3	—	—
	竹叶抗氧化物	30	—	—
葡萄籽油		50	50	50
橄榄油		50	50	50
罗勒精油		6	6	6
杜松子精油		6	6	6
葡萄柚精油		6	6	6
复合抗氧化剂		0.04	0.04	—
抗氧化剂 BHT		—	—	0.04

制备方法　将上述各组分混合均匀，即可制得本产品的紧致按摩精油。

原料配伍　本品各组分质量份配比范围为：葡萄籽油 40～60，橄榄油 40～60，罗勒精油 4～8，杜松子精油 4～8，葡萄柚精油 4～8，复合抗氧化剂 0.02～0.06，抗氧化剂 BHT0.04。

所述复合抗氧化剂，由下述组分按质量份组成：乳酸链球菌素 2～4，海藻糖 2～4，甘草抗氧化物 20～40，茶多酚 2～4，竹叶抗氧化物20～40，按配比称重，搅拌混合均匀，即可制得该复合抗氧化剂。

产品应用　本品是一种紧致按摩精油。

使用时，可将本产品的紧致按摩精油涂抹于人体皮肤上，并轻轻按摩即可。

产品特性　本产品对人体的皮肤无刺激、无毒害、吸收性好，能够给肌肤予以滋养和呵护，紧致肌肤让皮肤光滑和细腻，有利于优美体形的保持，特别的，本产品添加复合抗氧化剂后，大大延长了产品的保质期。

配方 24　脸部按摩精油

原料配比

原料	配比(质量份)		
	1#	2#	3#
霍霍巴油	25	28	26
柑橘精油	10	8	12
葡萄柚精油	6	4	5
杜松子精油	3	3	3
洋甘菊精油	5	4	3

制备方法 将各组分原料混合均匀即可。

原料配伍 本品各组分质量份配比范围为：霍霍巴油 20～30，柑橘精油 8～12，葡萄柚精油 3～6，杜松子精油 3～5，洋甘菊精油 3～5。

产品应用 本品主要用于所有皮肤的脸部按摩精油。

使用方法：将上述精油混合均匀后涂于面部，配以脸部按摩 20min，晚上使用最佳。

产品特性 本产品温和滋润，适用于所有肤质，能有效解决肌肤问题，易吸收，不油腻，还可以软化角质，让皮肤变得光滑有弹性，同时使人放松，有助于睡眠。

配方 25 胸部丰满按摩精油

原料配比

原料	配比(质量份)		
	1#	2#	3#
芦荟精油	7.9	8	8.1
当归精油	3.9	4	4.1
佛手柑精油	2.4	2.5	2.6
薰衣草精油	2.9	3	3.1
洋甘菊精油	0.4	0.5	0.6
藏红花油	0.5	0.6	0.7
天竺葵精油	1	1.1	1.2
玫瑰精油	1.1	1	0.9
肉桂精油	0.8	0.7	0.6
迷迭香精油	1.6	1.5	1.4
野山茶籽油	73.8	73.7	73.6
茴香精油	0.7	0.6	0.5
依兰精油	0.9	0.8	0.7
薄荷精油	2.1	2	1.9

制备方法 按上述质量份称取各组分，搅拌混合均匀，即可制得胸部丰满按摩精油。

原料配伍 本品各组分质量份配比范围为：芦荟精油 7.9～8.1，当归精油 3.9～4.1，佛手柑精油 2.4～2.6，薰衣草精油 2.9～3.1，洋甘菊精油0.4～0.6，藏红花油 0.5～0.7，天竺葵精油 1～1.2，玫瑰精油 0.9～1.1，肉桂精油 0.6～0.8，迷迭香精油 1.4～1.6，野山茶籽油 73.6～73.8，茴香精油 0.5～0.7，依兰精油 0.7～0.9，薄荷精油 1.9～2.1。

产品应用 本品主要用于胸部丰满按摩精油，适用于哺乳后胸部下垂、外扩，左右大小不一，胸部偏小者。

产品特性 本品是从纯天然植物中提取的精油，通过特殊手法的按摩和精油导入相结合，将精油养分直接导入乳房深层，渗透进入肌肤，刺激细胞的功能与激活能力，达到调理与重建、改善胸部下垂，增大胸线丰挺的效果；通过精油和精华液，激活乳腺体细胞的修复，促进女性荷尔蒙分泌，刺激强化淋巴及血液循环，增强胸腺细胞及海绵细胞生长，产生更多的乳腺皮肤脂肪，使双乳坚挺丰满，加速乳房组织运动，保持身体新陈代谢的畅通，排除沉淀的乳房纤维组织，利用精油细胞的能量，在短时间内增加细胞体积的物理作用，达到胸部美韵目的。

配方 26 用于熟睡的按摩精油

原料配比

原料		配比(质量份)		
		1#	2#	3#
霍霍巴精油		100	100	100
混合油		3	3	3
混合油	缬草精油	1	1	1
	薰衣草精油	2	3	1
	罗马洋甘菊精油	2	1	3
缬草精油	乙酸龙脑酯	23.92	23.92	23.92
	缬草烷酮倍半萜	12.43	12.43	12.43
	缬草烯酸衍生物	少量	少量	少量
薰衣草精油	芳樟醇	38	38	38
	乙酸芳樟酯	42	42	42
	1,8-桉叶素及樟脑	少量	少量	少量
罗马洋甘菊精油	当归酸甲酯	16	16	16
	3-甲基戊基异丁酸酯	12	12	12
	当归酸酯及	15	15	15
	芹菜素苷	少量	少量	少量

制备方法 将各组分原料混合均匀即可。

原料配伍 本品各组分质量份配比范围为：基础精油 100，混合油 2～5。

所述混合油是缬草精油、薰衣草精油及罗马洋甘菊精油的混合物。

所述基础精油可以是霍霍巴精油。

所述缬草精油、薰衣草精油及罗马洋甘菊精油可以以 1：(1.5～2.5)：(1.5～2.5) 的质量比混合。

产品应用 本品主要用于缓解睡眠障碍、促进熟睡的按摩精油。

产品特性 本品对于缓解失眠症功效显著，尤其在缓解痴呆症患者的睡眠障碍方面具有很好的效果。

配方 27　足部按摩精油

原料配比

原料	配比(质量份)		
	1#	2#	3#
橄榄精油	10	10	10
柠檬精油	2	1.5	2
薰衣草精油	1.5	1	1
月见草精油	0.5	0.5	0.5
洋甘菊精油	1	1.5	1
葡萄籽精油	1	1	2
天竺葵精油	0.5	0.5	1

制备方法　将各组分原料混合均匀即可。

原料配伍　本品各组分质量份配比范围为：橄榄精油 5～10，柠檬精油 1～2，薰衣草精油 1～2，月见草精油 0.5～1，洋甘菊精油 1～2，葡萄籽精油 1～2，天竺葵精油 0.5～1。

产品应用　本品主要用于足部按摩精油。

产品特性　本品可深入滋养足部皮肤，有效防止足部开裂，修复足部受损肌肤，恢复肌肤弹性；疏通经络，改善人体血液循环，促进人体新陈代谢，具有强身健体的保健功效。

第三章
润肤霜

Chapter 03

第一节　润肤霜配方设计原则

一、润肤霜的特点

润肤霜和乳液是含油性成分比较高的护肤用品，其主要作用是保持皮肤的滋润、柔软和弹性，促进皮肤的健康和美观。润肤霜应具有如下特性：迅速而持久地为肌肤补充水分；拥有独特的保湿润肤配方，用后倍感肌肤柔软、滋润；安全用于各类敏感性肌肤；质地极其温和，不会有刺激性反应，也不会引起粉刺。

二、润肤霜的分类及配方设计

润肤霜大部分是油水两相混合而成的乳化体，表面活性剂在其中起关键作用。与雪花膏不同的地方是，润肤霜可以选择使用的乳化剂范围比较广，包括阴离子表面活性剂和非离子表面活性剂，甚至两性离子表面活性剂都可以使用。实际生产中使用的主要乳化剂体系有以下几个。

① 蜂蜡-硼砂体系　这是比较古老的乳化体系，蜂蜡中的游离脂肪酸和硼砂中和成为钠皂，是很好的膏霜乳化剂，特别适合配制 W/O 型乳化体。该体系现在已经很少使用，逐步被其他新的乳化体系代替。

② 硬脂酸皂/硬脂酸单甘油酯体系　同雪花膏所采用的乳化体系，见第四章。

③ 十二烷基硫酸钠和脂肪醇磷酸酯盐体系　属阴离子表面活性剂，适合于制造一般的 O/W 型润肤霜和润肤乳。但是要留意，由于含有阴离子基团，可能会对某些润肤活性成分造成影响，使用上受一定的限制。

④ 缩水山梨醇酯（斯潘类）及其聚氧乙烯衍生物（吐温类）体系　是常用的非离子型乳化剂，合理搭配使用特别适合于制造流动特性和触感良好的 W/O 型乳化体，当然也可以用于配制 O/W 型润肤霜和润肤乳。

⑤ 其他乳化体系　一般都是复合乳化体系，由多种表面活性剂复配而成，以非离子型居多，适应性广，一般的润肤霜和润肤乳都可以使用。

乳化剂最好是成对使用，HLB值低者配合油相，HLB高者配合水相，分别溶解后再混合乳化，得到的润肤霜和润肤乳细腻而且稳定性好。

润肤霜可以配制成O/W型或W/O型乳化体。每种霜和乳液中可以只含阴离子型、非离子型乳化剂，也可用阴离子型与非离子型混合乳化剂。

润肤霜一般不含或少含特殊功能的添加剂，主要润肤原料还是采用传统的油脂、蜡类和多元醇保湿剂。润肤物质是表皮水分有效的封闭剂，可减少或阻止水分从它的薄膜通过，促使角质层再水合，且对皮肤有润滑作用。因此润肤物质是润肤霜和润肤乳的主要功能成分。作为油相成分的润肤剂主要是矿物油和羧酸酯，例如白矿油、凡士林、IPP（棕榈酸异丙酯）。还有天然动物油脂，例如羊毛脂衍生物、羊毛醇衍生物、胆甾醇等；也有使用高碳脂肪醇和多元醇的，例如十六十八醇、山梨醇等。至于水相使用的润肤剂则比较单一，常用的只有低碳多元醇，例如甘油和丙二醇。

润肤霜配方中的其他成分包括防腐剂、香精、色素、稳定剂等。由于润肤霜含油量高，在配方里最好添加一点抗氧化剂，例如BHT等。

膏霜产品对某些金属离子比较敏感，严重时将出现破乳。上面所用原料都应该对重金属有限量要求，配制产品的水也要求使用去离子水。

第二节　润肤霜配方实例

配方1　参鹿维肤营养霜

原料配比

原料	配比(质量份)		原料	配比(质量份)	
	1#	2#		1#	2#
人参精液	0.1	0.1	蜂蜡	10	10
鹿茸精液	0.1	0.1	甘油	15	15
白芷提取物	15	15	硬脂酸	3	3
茯苓提取物	5	5	羟甲基纤维素	3	3
桃仁提取物	1	1	枸杞提取物	—	2
菊花提取物	1	1	飞珍珠末	—	0.5
飞珍珠末	0.2	0.2	蒸馏水	加至100	加至100
硼砂	0.5	0.5			

制备方法

(1) 人参、鹿茸精液采用药厂制备的成品。

(2) 按上述比例取白芷、茯苓、桃仁、菊花洗净晒干，粉碎过80目筛，加水煮制、浓缩，按1∶1制得提取物。

(3) 将人参精液、鹿茸精液、白芷提取物、茯苓提取物、菊花提取物、桃仁提取物、飞珍珠末、保湿剂、胶黏剂、蒸馏水混合搅拌，制成混合液。

(4) 将乳化剂、蜂蜡、硼砂放入容器中，水浴加热至80℃，让其互溶后搅拌，制成混合液Ⅱ。

(5) 将80℃的混合液Ⅱ充分搅拌后慢慢加入混合液Ⅰ中，一边加入，一边搅拌，当温度降至40℃时，加入香精，搅拌成为霜状物为止，制得参鹿维肤营养霜。

原料配伍 本品各组分质量份配比范围为：人参精液0.1，鹿茸精液0.1，白芷提取物15，茯苓提取物5，桃仁提取物1，菊花提取物1，飞珍珠末0.2，硼砂0.5，蜂蜡10，保湿剂15，乳化剂3，胶黏剂3，蒸馏水加至100。

所述的保湿剂为甘油。

所述的乳化剂为硬脂酸。

所述的胶黏剂为羟甲基纤维素。

所述的以中药为主制成的参鹿维肤营养霜中各组分质量份配比为：枸杞提取物2，飞朱砂末0.5。

所述的以中药为主制成的参鹿维肤营养霜，可以根据需要加入适量香精。

产品应用 本品是一种以中药为主的维护和营养皮肤的化妆品。

产品特性 本产品原料易得，为纯中药制品，适应各类人群，特别适合青少年，不但可以维肤美容，还能通过皮肤的吸收，对人体起到养阴滋补，安神益精的作用。

配方2 茶油润肤霜

原料配比

原料	配比(质量份)		
	1#	2#	3#
茶油	5	10	15
单硬脂酸甘油酯	1	2	4
甲基葡萄糖苷倍半硬脂酸酯	0.5	1	1.5
硬脂酸聚氧乙烯酯	1	1.5	2
白油(液体石蜡)	16	15	12
棕榈酸异丙酯	3	4	6
肉豆蔻酸异丙酯	2	3	4
辛酸/癸酸甘油三酯	3	2.5	2
硬脂酸	2	2	2
十六十八醇	2	1	0.5
聚甲基丙烯酸甘油酯	3	2.5	2
甘油	2	2	2
三乙醇胺	0.3	0.4	0.5

续表

原料	配比(质量份)		
	1#	2#	3#
去离子水	58.55	52.45	45.85
尼泊金甲酯	0.2	0.2	0.2
尼泊金丙酯	0.1	0.1	0.1
双咪唑烷基脲	0.2	0.2	0.2
香精	0.15	0.15	0.15

制备方法

(1) 油相的制备：将上述比例的茶油和其他油溶性原料单硬脂酸甘油酯、硬脂酸聚氧乙烯酯、甲基葡萄糖苷倍半硬脂酸酯、白油、棕榈酸异丙酯、肉豆蔻酸异丙酯、辛酸/癸酸甘油三酯、硬脂酸、十六十八醇、聚甲基丙烯酸甘油酯混合搅拌加热至70～75℃，使其充分熔化或溶解待用。

(2) 水相的制备：将上述比例的水溶性原料甘油、三乙醇胺加入去离子水中，搅拌加热至90～100℃，保持20min灭菌，然后冷却至70～80℃待用。

(3) 乳化：将上述油相和水相原料分别过滤后，按先油后水顺序加入乳化锅内，在温度70～80℃下进行搅拌，待油相和水相原料充分混合均匀成乳浊液后，再加入尼泊金酯类、双咪唑烷基脲防腐剂，搅拌均匀，即完成乳化操作。

(4) 冷却：将步骤 (3) 得到的乳化后原料冷却至50～60℃，加入香精，再搅拌5min，继续降温到35～40℃出料。

(5) 陈化和灌装：放料至储料容器内，置于储膏间陈化不少于48h，经检验合格后进行灌装。

原料配伍 本品各组分质量份配比范围为：茶油5～15，单硬脂酸甘油酯1～4，甲基葡萄糖苷倍半硬脂酸酯0.5～1.5，硬脂酸聚氧乙烯酯1～2，白油12～18，棕榈酸异丙酯3～6，肉豆蔻酸异丙酯2～4，辛酸/癸酸甘油三酯2～3，硬脂酸2，十六十八醇0.5～2，尼泊金甲酯0.2，尼泊金丙酯0.1，甘油2，聚甲基丙烯酸甘油酯2～3，三乙醇胺0.3～0.5，双咪唑烷基脲0.2，香精0.15。

产品应用 本品是一种茶油润肤霜。

产品特性 本产品根据茶油对皮肤所具有的润湿、防护、抗老化活性，通过添加乳化剂、防腐剂、增稠剂、香精等成分进行乳化分散，制备出一种茶油润肤霜，可使皮肤滋润、保湿、光滑。

配方3 虫草润肤霜

原料配比

原料	配比(质量份)	原料	配比(质量份)
虫草粉	0.5	丙三醇	2
聚乙烯醇	10	香料	适量
乙醇	10	防腐剂	适量
丙二醇	2	蒸馏水	加至100

制备方法

(1) 将聚乙烯醇、乙醇、丙二醇、丙三醇和蒸馏水等原料加热至85℃，混合搅拌均匀；

(2) 待步骤(1)的混合物降温至50℃时加入虫草粉，搅拌，降温至40℃时加入香料和防腐剂，继续搅拌，待其冷却至室温即得成品。

原料配伍 本品各组分质量份配比范围为：虫草粉0.5，聚乙烯醇10，乙醇10，丙二醇2，丙三醇2，香料适量，防腐剂适量，蒸馏水加至100。

产品应用 本品是一种抗皱增白、延缓衰老的虫草润肤霜，对皮肤具有良好的滋润、嫩白、护肤的效果，适用于任何肌肤。

产品特性 本产品所述各原料产生协调作用，抗皱增白、延缓衰老；产品pH值与人体皮肤的pH值接近，对皮肤无刺激性；使用后明显感到舒适、柔软，无油腻感，具有明显的滋润、嫩白、护肤的效果。

配方4 茯苓润肤霜

原料配比

原料	配比(质量份)		
	1#	2#	3#
茯苓提取液	3	6	4
硬脂酸	3	5	4
十六醇	10	20	16
羊毛脂	5	8	6
聚氧乙烯单油酸酯	1	3	2
甘油	10	20	16
对羟基苯甲酸乙酯	1	3	2
椰子油酸二乙醇酰胺	1	3	2
聚乙烯醇	10	16	12
羟甲基纤维素	1	3	2
香精	0.1	0.3	0.2
去离子水	100	120	110

制备方法

(1) 按配比将硬脂酸、十六醇、聚氧乙烯单油酸酯、羊毛脂及对羟基苯甲酸乙酯混合，搅拌加热至80～100℃，使其熔化待用；

(2) 按配比将茯苓提取液、甘油、聚乙烯醇、椰子油酸二乙醇酰胺、羟甲基纤维素及去离子水混合，加热至80～100℃，搅拌分散均匀；

(3) 将步骤 (2) 所制得的溶液，慢慢倒入步骤 (1) 制得的产物中，边加入边搅拌，使其充分乳化；

(4) 待步骤 (3) 所制得的产物降温至30～40℃，加入香精，搅拌分散均匀后即得成品。

原料配伍 本品各组分质量份配比范围为：茯苓提取液3～6，硬脂酸3～5，十六醇10～20，聚氧乙烯单油酸酯1～3，羊毛脂5～8，甘油10～20，对羟基苯甲酸乙酯1～3，椰子油酸二乙醇酰胺1～3，聚乙烯醇10～16，羟甲基纤维素1～3，香精0.1～0.3，去离子水100～120。

产品应用 本品是一种茯苓润肤霜。

产品特性

(1) 制备工艺简单，成本低廉；

(2) 使用效果良好，无毒无任何副作用。

配方5 改性珍珠润肤霜

原料配比

原料		配比(质量份)	
		1#	2#
A相	鲸蜡硬脂醇聚醚-21	0.5	1
	鲸蜡硬脂醇	3	5
	辛酸/癸酸甘油三酯	10	13
	聚二甲基硅氧烷	2	1
	鲸蜡基聚二甲基硅氧烷	1	0.5
	棕榈酸异丙酯	5	8
B相	丁二醇	10	7
	双丙甘醇	5	4
	硬脂酰谷氨酸钠	0.3	1
	助乳化剂	2	5
C相	增稠剂	5	8
	改性珍珠粉	1	1.8
	防腐剂	适量	适量
	香精	适量	适量
	去离子水	加至100	加至100

制备方法

(1) 将改性珍珠粉溶于B相，再分别加热A相（助乳化剂除外）和B相至85～95℃，并维持20min灭菌；

(2) 当A、B两相冷却到70～80℃时，将B相缓缓移入A相，不断搅拌、均质，在5～15min内依次加完助乳化剂和增稠剂；

(3) 继续搅拌并用夹套循环水冷却至40～50℃，再逐次加入防腐剂和香精，继续搅拌至室温即成。

原料配伍 本品各组分质量份配比范围如下。

A相：鲸蜡硬脂醇聚醚-21 0.1～5，鲸蜡硬脂醇1～5，辛酸/癸酸甘油三酯5～15，聚二甲基硅氧烷0.1～5，鲸蜡基聚二甲基硅氧烷0.1～2，棕榈酸异丙酯1～10。

B相：丁二醇5～15，双丙甘醇1～10，硬脂酰谷氨酸钠0.1～5，助乳化剂1～5。

C相：增稠剂1～10，改性珍珠粉1～5，防腐剂、香精适量，去离子水加至100。

所述的增稠剂为甘油聚甲基丙烯酸酯或丙二醇，防腐剂为双（羟甲基）咪唑烷基脲、羟苯甲酯、羟苯丙酯或它们的复合物，助乳化剂为聚丙烯酰胺/C_{13}～C_{14}异链烷烃/月桂醇聚醚-7，均为市售化妆品原料。

所述的改性珍珠粉是纳米级，平均粒径范围为40～100nm，其制备方法如下。

(1) 称取纳米珍珠粉，用去离子水配制成质量分数为10%～30%的悬浮液；

(2) 往悬浮液中加入珍珠粉干重1.5%～2.0%的钛酸丁酯偶联剂，用磁力搅拌器中档搅拌10～30min使其活化；

(3) 将活化后的珍珠粉与甲基丙烯酸甲酯的无皂乳液于常温下搅拌混合5～15min，因聚合反应而使珍珠粉表面形成均匀聚合物膜，所用甲基丙烯酸甲酯的无皂乳液质量分数为0.5%；

(4) 聚合物在60～80℃恒温干燥、再经气流粉碎得到改性珍珠粉。

产品应用 本品是一种含改性珍珠粉的润肤霜，具有保湿、美白、抗皱的功能。

产品特性 本产品通过偶联剂钛酸丁酯处理，甲基丙烯酸甲酯的无皂乳液聚合技术使珍珠粉表面由亲水性转变为憎水性，改善了珍珠粉与有机介质的亲和性。按本品制备的改性珍珠润肤霜，解决了珍珠粉分散性差带给体系分布不均及因表面自由能高引起在乳化过程中破坏乳化剂而导致产品稳定性差的弊端，具有清洁、保湿、美白、抗皱等多种功能，适合多种类型的皮肤。

配方 6　红景天美容润肤霜

原料配比

原料	配比(质量份)	原料	配比(质量份)
水解蚕丝蛋白	10	维生素 D	适量
十六醇	1	杏仁油	1
十八醇	2	硬脂酸	2
抗氧化剂	0.3	单硬脂酸甘油酯	3
维生素 E	适量	红景天	3
维生素 C	适量	当归	0.5
去离子水	加至 100	白芷	0.5
氢化羊毛脂	2	白附子	0.5
蓖麻油	2	黄芪	0.5
维生素 A	适量	香精	适量

制备方法

(1) 分别将红景天、当归、白芷、白附子、黄芪等中药经粉碎、浸泡、过滤、脱色和浓缩处理，备用；

(2) 将水解蚕丝蛋白、十六醇、十八醇、抗氧化剂、维生素 E、维生素 C、去离子水等水相原料混合加热至 90℃，搅拌均匀；

(3) 将杏仁油、硬脂酸、单硬脂酸甘油酯等油相原料混合加热至 85℃，搅拌均匀备用；

(4) 将步骤 (3) 的物料加入步骤 (2) 的物料中，充分搅拌，乳化（乳化温度为 75～90℃），当乳化充分后停止加热，保温而继续搅拌，当温度下降至 65～75℃时，加入步骤 (1) 的中药配料并进行搅拌，当温度降至 50℃时加入香精，当温度降至 35～40℃时，灌装即可。

原料配伍　本品各组分质量份配比范围为：水解蚕丝蛋白 10，十六醇 1，十八醇 2，抗氧化剂 0.3，维生素 E 适量、维生素 C 适量、去离子水加至 100，氢化羊毛脂 2，蓖麻油 2，维生素 A 适量、维生素 D 适量、杏仁油 1，硬脂酸 2，单硬脂酸甘油酯 3，红景天 3，当归 0.5，白芷 0.5，白附子 0.5，黄芪 0.5，香精适量。

产品应用　本品是一种抗皱祛斑、延缓衰老的红景天美容润肤霜，对皮肤具有良好的滋润嫩白、增加弹性的效果，适用于任何肌肤。

产品特性　本品所述各原料产生协调作用，抗皱祛斑、延缓衰老；产品 pH 值与人体皮肤的 pH 值接近，对皮肤无刺激性；使用后明显感到舒适、柔软，无油腻感，具有明显的滋润嫩白、增加皮肤弹性的效果。

配方 7　虎杖苷美白润肤霜

原料配比

原料	配比(质量份)	原料	配比(质量份)
甘油	4	脂肪醇聚氧乙烯醚	2.5
十六醇	4	虎杖苷	0.3
十八醇	4	地榆萃取液	2
单硬脂酸甘油酯	2	香精	适量
白油	14	防腐剂	适量
羊毛脂	0.8	去离子水	加至100
丙二醇	6		

制备方法

(1) 将甘油、十六醇、十八醇、单硬脂酸甘油酯、白油、羊毛脂、丙二醇、脂肪醇聚氧乙烯醚和去离子水等原料混合加热至85～90℃，混合搅拌均匀，使其充分熔化；

(2) 待步骤(1)的物料温度降至50℃时，加入虎杖苷和地榆萃取液等原料，混合搅拌均匀，待其温度降至45℃时加入香精和防腐剂，继续朝同一方向搅拌，冷却至室温时即可得本品，分装，储存。

原料配伍 本品各组分质量份配比范围为：甘油4，十六醇4，十八醇4，单硬脂酸甘油酯2，白油14，羊毛脂0.8，丙二醇6，脂肪醇聚氧乙烯醚2.5，虎杖苷0.3，地榆萃取液2，香精适量，防腐剂适量，去离子水加至100。

产品应用 本品是一种美白抗氧化、增加皮肤弹性的虎杖苷美白润肤霜，对皮肤具有良好的淡斑美白、滋润养颜的效果，适用于任何肌肤。

产品特性 本产品所述各原料产生协调作用，美白抗氧化、增加皮肤弹性；产品pH值与人体皮肤的pH值接近，对皮肤无刺激性；使用后明显感到舒适、柔软，无油腻感，对皮肤具有明显的淡斑美白、滋润养颜的效果。

配方8 抗衰老润肤霜

原料配比

原料	配比(质量份)			
	1#	2#	3#	4#
白术	5	8	10	8
白茯苓	5	8	10	8
白及	5	8	10	8
白芷	5	8	10	8
白蔹	5	8	10	8
水	75	160	250	120
蒸馏水	10	15	20	10
甘油	3	5	8	5
茶多酚	1	2	3	3
维生素A	1	1.5	2	2
SOD	0.3	0.5	0.7	0.7
曲酸棕榈酸酯	0.5	1.3	2	2
凡士林	20	35	50	40

制备方法

(1) 按质量份称取白术 5～10 份，白茯苓 5～10 份，白及 5～10 份，白芷 5～10 份，白蔹 5～10 份，粉碎，混合均匀得混合物 A；

(2) 按混合物 A 与水质量比为 1∶(3～5) 将混合物 A 投入水中煎煮 1～3h，过滤，滤渣再重复煎煮一次，过滤，合并两次的滤液得滤液 B；

(3) 将滤液 B 反渗透浓缩，得浓缩液 C；

(4) 按质量份称取蒸馏水 10～20 份，加入甘油 3～8 份，茶多酚 1～3 份，维生素 A1～2 份，SOD 0.3～0.7 份，曲酸棕榈酸酯 0.5～2 份，加热溶解得混合物 D；

(5) 按质量份称取 20～50 份的凡士林，加热溶化后，加入浓缩液 C 和混合物 D，搅拌均匀，冷却即得产品。

原料配伍 本品各组分质量份配比范围为：白术 5～10，白茯苓 5～10，白及 5～10，白芷 5～10，白蔹 5～10，水 75～250，蒸馏水 10～20，甘油 3～8，茶多酚 1～3，维生素 A1～2，SOD 0.3～0.7，曲酸棕榈酸酯 0.5～2，凡士林 20～50。

产品应用 本品是一种抗衰老润肤霜。

产品特性 本产品含有 SOD、茶多酚、白术这类清除自由基较强的成分，通过清除组织中的自由基，可以保持细胞功能的完整性，从而达到抵抗肌体衰老的目的，不但能治标而且能治本。本产品中的曲酸棕榈酸酯、白茯苓、白及、白芷、白蔹成分，有很好的美白功效，维生素 A 能很好地消除皱纹、色斑，甘油和凡士林还能阻止水分的流失，保持皮肤湿润。因此本产品是一款很好的具有美白、祛斑、除皱、保湿、抗衰老功能的润肤霜。

配方 9 芦荟润肤霜

原料配比

原料	配比(质量份)		
	1#	2#	3#
芦荟提取液	5	8	6
硬脂酸	3	5	4
十六醇	6	8	7
聚氧乙烯单油酸酯	3	5	4
羊毛脂	10	20	16
甘油	10	20	16
对羟基苯甲酸乙酯	1	3	2
椰子油酸二乙醇酰胺	1	3	2
聚乙烯醇	5	8	6
羟甲基纤维素	1	3	2
香精	0.1	0.3	0.2
去离子水	80	100	90

制备方法

(1) 按配比将硬脂酸、十六醇、聚氧乙烯单油酸酯、羊毛脂及对羟基苯甲酸乙酯混合，搅拌加热至80～100℃，使其熔化待用；

(2) 按配比将芦荟提取液、甘油、聚乙烯醇、椰子油酸二乙醇酰胺、羟甲基纤维素及去离子水混合，加热至80～100℃，搅拌分散均匀；

(3) 将步骤 (2) 所制得的溶液，慢慢倒入步骤 (1) 制得的产物中，边加入边搅拌，使其充分乳化；

(4) 待步骤 (3) 所制得的产物降温至30～40℃，加入香精，搅拌分散均匀后即得成品。

原料配伍 本品各组分质量份配比范围为：芦荟提取液5～8，硬脂酸3～5，十六醇6～8，聚氧乙烯单油酸酯3～5，羊毛脂10～20，甘油10～20，对羟基苯甲酸乙酯1～3，椰子油酸二乙醇酰胺1～3，聚乙烯醇5～8，羟甲基纤维素1～3，香精0.1～0.3，去离子水80～100。

产品应用 本品是一种芦荟润肤霜。

产品特性

(1) 制备工艺简单，成本低廉；

(2) 使用效果良好，无毒无任何副作用。

配方10 营养润肤霜

原料配比

原料	配比(质量份)	
	1#	2#
液体石蜡	5	12
甘油	20	30
鲸蜡硬脂醇	6	12
硬脂酸	5	8
聚二甲基硅氧烷	15	20
醇磷酸酯	3	5
羟苯甲酯	1	3
黄原胶	5	10
库拉索芦荟叶提取物	50	60
EDTA二钠	10	15
甲基氯异噻唑啉酮	10	15
水	40	60

制备方法 将液体石蜡、甘油、鲸蜡硬脂醇、硬脂酸、聚二甲基硅氧烷、醇磷酸酯、羟苯甲酯、黄原胶和EDTA二钠均匀混合加热至75℃，将水、库拉索芦荟叶提取物和甲基氯异噻唑啉酮放入另一个干净的玻璃瓶中混合均匀，加热至75℃，将两个玻璃瓶中的物质混合均匀，冷却至45℃，罐装即可制得

芦荟润肤霜。

原料配伍 本品各组分质量份配比范围为：液体石蜡5～12，甘油20～30，鲸蜡硬脂醇6～12，硬脂酸5～8，聚二甲基硅氧烷15～20，醇磷酸酯3～5，羟苯甲酯1～3，黄原胶5～10，库拉索芦荟叶提取物50～60，EDTA二钠10～15，甲基氯异噻唑啉酮10～15，水40～60。

产品应用 本品是一种芦荟润肤霜。

产品特性 本产品的成分里面含有库拉索芦荟叶提取物，该提取物配合本产品中的其他原料，使得制成的润肤霜具有抗菌的功效，同时对皮肤有良好的营养、滋润、增白作用。

配方11 玫瑰精油润肤霜

原料配比

原料		配比(质量份)
A相	非离子乳化剂A6	2
	非离子乳化剂A25	2
	十六十八混合醇	2
	二甲硅油	1
	霍霍巴油	2
	液状石蜡	8
	豆蔻酸异丙酯	3
	维生素E	0.8
	氮酮	2
	BHT	0.05
	亚硫酸钠	0.1
	玫瑰精油	0.3
B相	1,3-丁二醇	4
	甘草酸二钾	2
	尼泊金甲酯	0.1
	去离子水	96.9
C相	丙二醇	4
	活肤生物酶	6
	胚胎精华液	8
	软骨素	3
	辅酶Q10	2
D相	复合防腐剂	0.07

制备方法 先取D相组分溶解，加热至40℃备用，将A相、B相分别加热至80℃，待两相温度相等时，将A相加入B相中，均质乳化2min，搅拌降温至65℃左右时，加入乳化剂，搅拌均匀并降温至50℃，加入C、D两相，继续搅拌降温至36℃即得。

原料配伍 本品各组分质量份配比范围如下。

A相：非离子乳化剂A6 1～3，非离子乳化剂A25 1～3，十六十八混合醇

2～3，二甲硅油 1～2，霍霍巴油 1～2，液状石蜡 7～9，豆蔻酸异丙酯 2～4，维生素 E0.8～1.2，氮酮 1～2，BHT0.05～0.07；抗氧化剂亚硫酸钠 0.1～0.2，玫瑰精油 0.1～0.3。

B相：1,3-丁二醇 3～5，抗过敏剂甘草酸二钾 1～3，防腐剂尼泊金甲酯 0.08～0.16，加去离子水至B相总量为 103。

C相：丙二醇 3～5，活肤生物酶 5～7，胚胎精华液 7～9，软骨素 2～4，辅酶 Q10 1～3。

D相：复合防腐剂 0.07～0.09。

产品应用 本品主要用于润肤、美容、保护皮肤、延缓衰老的玫瑰精油润肤霜化妆品。

产品特性 本产品选用优质玫瑰花瓣，提取玫瑰精油，遵循人体的生理特点，精心配伍天然生物制剂，选择富含多种具有优良护肤功能的活性物质，如软骨素、活肤生物酶、细胞激活剂辅酶 Q10 等经过科学组方制备成玫瑰精油化妆品，从而达到抗氧化、抗衰老，高效保湿润肤，淡化色斑、柔肤、紧肤、嫩肤，增加和保持皮肤弹性等功效。

配方 12 美白滋润霜

原料配比

原料		配比(质量份)		
		1#	2#	3#
A组分	去离子水	78.23	76.05	74.38
	羟乙基纤维素	0.1	0.1	0.4
	卡波姆 940	0.3	—	—
	卡波姆 U21	—	0.28	—
	尼泊金甲酯	0.1	0.12	0.15
	甘油	3	5	—
	丙二醇	2	4	6
	1,3-丁二醇	3	—	2
	吐温-60	0.05	0.08	0.1
B组分	大分子透明质酸	0.04	0.04	0.04
	小分子透明质酸	0.13	0.13	0.13
C组分	乙二醇	2	3	2
	棕榈酸异辛酯	3	6	5
	甲基硅油 DC-200	4	—	—
	甲基硅油 DC1403	—	—	4
	木瓜蛋白酶生物膜	0.05	0.2	0.1
	丙二醇	4	5	5
	三乙醇胺	—	—	0.3
	防腐剂	—	—	0.4

制备方法

（1）将A组分加入锅内，加热到80～90℃，高速搅拌分散均质10～15min；然后降温到70℃，加入B组分使其高速均质均匀。

（2）如果C组分不含有三乙醇胺和防腐剂，则降温到55～65℃以下时，加入C组分，高速搅拌分散均匀，在30～40℃出料；如果C组分中含有三乙醇胺和防腐剂，则降温到55～65℃以下，加入C组分中除三乙醇胺、防腐剂的其他组分，高速均质均匀，降温到45℃，加入三乙醇胺，搅拌分散均匀，再加入防腐剂，在30～40℃出料。

原料配伍 本品各组分质量份配比范围如下。

A组分：去离子水74～79，增稠剂0.38～0.4，稳定剂0.1～0.15，保湿剂8～9，乳化剂0.05～0.1。

B组分：大分子透明质酸0.04，小分子透明质酸0.13。

C组分：乙二醇2～3，油脂6～9，木瓜蛋白酶生物膜0.05～0.2，丙二醇4～5。

所述木瓜蛋白酶生物膜通过以下方法制备：配制浓度为0.02mol/L，pH值为7.0的磷酸缓冲溶液，分别将聚酰胺和木瓜蛋白酶溶于磷酸缓冲溶液，配制成质量分数为1%～4%聚酰胺溶液和质量分数为0.2%～0.4%的木瓜蛋白酶溶液，将聚酰胺溶液和木瓜蛋白酶溶液以（1∶1）～（1∶5）的体积比混合；将100～200μL上述混合溶液通过微量注射器涂在石英板表面上，再在石英板上滴加100～150μL无机盐溶液，并将一个烧杯罩在石英板上自然晾干成膜，密封备用。

所述无机盐溶液为硫酸盐溶液、氯化盐溶液、柠檬酸盐溶液中的一种，浓度为8×10^{-3}mol/L。

所述增稠剂为羟乙基纤维素、卡波姆940、卡波姆U21中的一种或几种。

所述乳化剂为吐温-60；稳定剂为尼泊金甲酯。

所述保湿剂为甘油、丙二醇、1,3-丁二醇中的一种或几种。

所述油脂为棕榈酸异辛酯、甲基硅油DC-200、甲基硅油DC1403中的一种或几种。

所述C组分还包括按滋润霜总质量分数计的三乙醇胺0.3%～0.4%，防腐剂0.4%～0.5%。

产品应用 本品是一种美白滋润霜。

产品特性 本产品每天早上和晚上在脸部和手脚上涂抹，有紧致皮肤、改善肤质、净透美白的作用。产品滋润性强，使用后皮肤没有刺激感。

配方13 美容抗皱润肤霜

原料配比

原料	配比(质量份)	
	1#	2#
红景天	20	50
藏红花	20	33
银杏种仁提取物	30	50
芦荟提取物	25	45
维生素 E	20	30
茶树精油	18	27
玫瑰提取物	15	25
柠檬提取物	10	20
月桂酸	5	10
丙二醇	1	8
透明质酸钠	1	5
甘油	1	5
黄原胶	1	3
蜂胶	1	3
去离子水	750	1500

制备方法

(1) 按质量份取原料红景天 20～35 份、藏红花 20～33 份，研磨成粉状物；

(2) 加入银杏种仁提取物 30～50 份，芦荟提取物 25～45 份，维生素 E 20～30份，茶树精油 18～27 份，玫瑰提取物 15～25 份，柠檬提取物 10～20 份，月桂酸 5～10 份，丙二醇 1～8 份，透明质酸钠 1～5 份，甘油 0～5 份，黄原胶 0～3 份，蜂胶 0～3 份；

(3) 加入 160～1500 份去离子水进行加热至黏糊状；

(4) 用蒸馏法，去除多余的气体，密封即可。

原料配伍 本品各组分质量份配比范围为：银杏种仁提取物 30～50，芦荟提取物 25～45，红景天 20～35，藏红花 20～33，维生素 E 20～30，茶树精油 18～27，玫瑰提取物 15～25，柠檬提取物 10～20，月桂酸 5～10，丙二醇 1～8，透明质酸钠 1～5，甘油 0～5，黄原胶 0～3，蜂胶 0～3，去离子水 160～1500。

所述的原料红景天、藏红花均为干品。

产品应用 本品是一种对皮肤无刺激，保湿、抗皱效果明显的美容抗皱润肤霜。

产品特性 本产品的美容抗皱润肤霜对皮肤无刺激，保湿、抗皱效果明显，具有显著的美容效果。

配方 14 敏感皮肤用润肤霜

原料配比

原料	配比(质量份)				
	1#	2#	3#	4#	5#
脱乙酰甲壳质	20	8	18	12	15
洋甘菊	15	5	11	7	9
柠檬酸	10	6	8	6	7
羧甲基壳聚糖	6	2	5	4	4.5
黄芪	6	1	5	3	4
羊毛脂	6	3	6	4	5
芝麻油	4	1	3	2	2.5
玉米淀粉磺化丁二酸酯	7	2	5	3	3.5
辛酰基甘氨酸	5.8	2	4.8	3	3.8
甲基羟丙基纤维素	0.46	0.08	0.25	0.18	0.2
尿素	2.3	0.3	1.6	0.9	1.1
过氧化苯甲酰	3.5	1.5	3.1	2.2	2.8
肉豆蔻酸异丙酯	3.1	1.5	2.5	1.8	2.2
抗氧化剂 二丁基羟基甲苯	—	1	1	—	0.1
防腐剂 硬脂酸锌	—	3	—	—	0.1
防腐剂 氧化锌	—	—	1	—	—
棕榈酰羟化小麦蛋白	1	4	2	—	2.5
白术	8	3	6	4	5
薄荷油	5	3	5	4	4.5
邻苯二甲酸酐	1.2	1.2	0.7	0.35	0.5
竹叶	—	—	6	3	4.5
维生素E	—	—	3	3	3
水	60	70	65	65	65

制备方法

(1) 将洋甘菊、白术、黄芪混合研磨成粉状，加入柠檬酸、芝麻油和薄荷油，搅拌，混合均匀得组分A；

(2) 将脱乙酰甲壳质、羧甲基壳聚糖、玉米淀粉磺化丁二酸酯、甲基羟丙基纤维素、尿素、羊毛脂、辛酰基甘氨酸、过氧化苯甲酰、肉豆蔻酸异丙酯、棕榈酰羟化小麦蛋白、邻苯二甲酸酐与水混合，升温至100～140℃，搅拌20～50min，降温至20℃，得组分B；

(3) 将组分B加入到组分A中，升温至60～80℃，加入抗氧化剂、防腐剂搅拌均匀，制成膏霜状即得敏感皮肤用润肤霜。

原料配伍 本品各组分质量份配比范围为：脱乙酰甲壳质8～20，洋甘菊5～15，柠檬酸6～10，羧甲基壳聚糖2～6，黄芪1～6，羊毛脂3～6，芝麻油1～4，玉米淀粉磺化丁二酸酯2～7，辛酰基甘氨酸2～5.8，甲基羟丙基纤维素0.08～0.46，尿素0.3～2.3，过氧化苯甲酰1.5～3.5，肉豆蔻酸异丙酯1.5～3.1，抗氧化剂0～1，防腐剂0～3，棕榈酰羟化小麦蛋白1～4，白术3～8，薄荷油3～5，邻苯二甲酸酐0.05～1.2，水60～70。

所述防腐剂为硬脂酸锌或者氧化锌。

所述抗氧化剂为二丁基羟基甲苯。

还包括竹叶 1～8 份，维生素 E2～4 份。

产品应用 本品主要用于敏感皮肤用润肤霜。

产品特性 本产品提供的敏感皮肤用润肤霜，温和不刺激，有效在皮肤表层形成防护膜，长期使用可明显增强皮肤的抗过敏能力。

配方 15 嫩白保湿润肤霜

原料配比

原料		配比(质量份)					
		1#	2#	3#	4#	5#	6#
菠萝叶纳米纤维素		0.01	0.02	0.03	0.04	0.05	0.03
去离子水		加至100	加至100	加至100	加至100	加至100	加至100
透明质酸		0.2	0.2	0.2	0.2	0.2	0.2
卡波姆		0.6	1	0.4	0.8	0.6	0.8
天然植物油脂	天然棕榈油	2	4	—	—	4	—
	天然蓖麻油	2	—	4	4	—	—
	天然橄榄油	—	—	—	4	4	6
蜡质成分	天然巴西棕榈蜡	5	5	—	—	1	—
	天然蜂蜡	—	—	5	5	—	2
	天然羊毛脂	—	—	—	—	3	2
高级醇	鲸蜡醇	2	—	2	—	1	2
	月桂醇	—	2	—	2	2	1
保湿剂	甘油	5	—	4	—	2	2
	丙二醇	—	5	—	4	2	3
乳化剂	聚氧乙烯失水山梨醇单月桂酸酯	2	2	1	1	1	—
	聚乙烯醇	—	—	1	1	—	2
	三乙醇胺	2	2	2	2	1	1.5
	单硬脂酸甘油酯	2	2	2	2	1.5	1
皮肤柔润剂	肉豆蔻酸异丙酯	2	—	1	—	—	1.5
	棕榈酸异丙酯	—	2	1	2	1	—
防腐剂	尼泊金甲酯	0.1	—	0.2	—	—	0.1
	尼泊金丙酯	0.1	0.2	—	0.1	0.1	—
植物提取物	芦荟提取物	2	—	—	—	3	—
	木瓜提取物	—	4	—	—	—	—
	柠檬提取物	—	—	3	—	—	2
	甘草提取物	—	—	—	4	—	—
美白成分	橙皮苷	0.5	—	—	1.5	—	—
	熊果苷	—	1.5	—	—	—	1
	杜鹃花酸	—	—	2	—	2.5	—
抗氧化剂	维生素 E	2.5	—	—	—	2	—
	茶多酚	—	1.5	—	1	—	—
	花青素	—	—	0.5	—	—	1.5

制备方法

(1) 将菠萝叶纳米纤维素加入占总水量20%的去离子水中，经超声处理形成稳定均一的悬浮液；

(2) 将透明质酸加入上述悬浮液中，加热搅拌至完全溶解，加入卡波姆和占总水量20%的去离子水，继续加热搅拌至卡波姆完全溶解，加入天然植物油脂、蜡质成分、高级醇、保湿剂、乳化剂、皮肤柔润剂、防腐剂和剩余去离子水，加热搅拌至完全溶解并乳化均匀后，冷却至70～80℃，加入植物提取物、美白成分、抗氧化剂，搅拌均匀后，静置24h，即得成品。

原料配伍 本品各组分质量份配比范围为：菠萝叶纳米纤维素0.01～0.05，透明质酸0.2，卡波姆0.4～1，天然植物油脂4～8，蜡质成分4～5，高级醇2～3，保湿剂4～5，乳化剂1～6，皮肤柔润剂1～2，防腐剂0.1～0.2，植物提取物2～4，美白成分0.5～2.5，抗氧化剂0.5～2.5，去离子水加至100。

所述保湿剂为甘油、丙二醇中的任意一种或其混合物。

所述天然植物油脂为天然棕榈油、天然橄榄油、天然蓖麻油中的任意一种或其混合物。

所述蜡质成分为天然巴西棕榈蜡、天然蜂蜡、天然羊毛脂中的任意一种或其混合物。

所述高级醇为月桂醇、鲸蜡醇中的任意一种或其混合物。

所述乳化剂为聚氧乙烯失水山梨醇单月桂酸酯、聚乙烯醇、三乙醇胺、单硬脂酸甘油酯中的任意一种或其混合物。

所述皮肤柔润剂为肉豆蔻酸异丙酯、棕榈酸异丙酯中的任意一种或其混合物。

所述防腐剂为尼泊金甲酯、尼泊金丙酯中的任意一种或其混合物。

所述植物提取物为芦荟提取物、木瓜提取物、柠檬提取物、甘草提取物中的任意一种。

所述美白成分为橙皮苷、杜鹃花酸、熊果苷中的任意一种。

所述抗氧化剂为花青素、茶多酚、维生素E中的任意一种。

产品应用 本品是一种吸水率高、保湿性能好、肤感清爽、营养丰富的润肤霜。

产品特性 本产品采用菠萝叶纳米纤维素及多种丰富的纯天然成分复配而成，配方合理、营养丰富，能够使皮肤有效吸收化妆品中的营养成分和水分，达到美白和深层补充营养和水分的效果，维持皮肤理想水分平衡，并能提供皮肤所需的多种营养成分，具有优异的皮肤保养效果。本产品采用的油脂为天然植物油脂，比动物油脂和矿物油脂更健康且更易吸收，采用的蜡质成分均为纯天然物质，如天然巴西棕榈蜡、天然蜂蜡、天然羊毛脂等，对人体无害，且容易吸收，肤感清爽。此外，本产品采用无乙醇、无色素、无香精的配方，安全无刺激。

配方 16　葡萄籽养颜润肤霜

原料配比

原料	配比(质量份)	原料	配比(质量份)
葡萄籽提取物	9	斯盘-60	3.5
十六醇	1	吐温-60	1
羊毛油	2.5	甘油	4
羊毛醇	2	透明质酸	0.03
白油	8	防腐剂	适量
橄榄油	12	香精	适量
辛酸/癸酸甘油三酯	4	去离子水	加至100

制备方法

(1) 将葡萄籽提取物、十六醇、羊毛醇、斯盘-60、吐温-60、透明质酸和去离子水混合加热至80℃，搅拌均匀；

(2) 将羊毛油、白油、橄榄油、辛酸/癸酸甘油三酯和甘油混合加热至90℃，搅拌熔化均匀；

(3) 将步骤 (2) 所得物缓慢加入步骤 (1) 所得物中，边加入边搅拌，使其彻底熔融，待温度冷却至50℃时加入防腐剂，冷却至40℃加入香精，继续搅拌直至室温，静置即得本品，分装。

原料配伍　本品各组分质量份配比范围为：葡萄籽提取物9，十六醇1，羊毛油2.5，羊毛醇2，白油8，橄榄油12，辛酸/癸酸甘油三酯4，斯盘-60 3.5，吐温-60 1，甘油4，透明质酸0.03，防腐剂适量，香精适量，去离子水加至100。

产品应用　本品是一种抗炎抗氧化、淡斑增白的葡萄籽养颜润肤霜，对皮肤具有良好的嫩白养颜、修护美容的效果。

产品特性　本产品各原料产生协调作用，抗炎抗氧化、淡斑增白；pH值与人体皮肤的pH值接近，对皮肤无刺激性；使用后明显感到舒适、柔软，无油腻感，具有明显的嫩白养颜、修护美容的效果。

配方 17　清爽紧致润肤霜

原料配比

原料	配比(质量份)	原料	配比(质量份)
白油	10	肉豆蔻酸肉豆蔻酯	4
甘油	3	去离子水	79
鲸蜡醇	2	PEG-200甘油牛油酸酯(70%)	2
防腐剂	适量		

制备方法　将油相原料白油、鲸蜡醇、肉豆蔻酸肉豆蔻酯、PEG-200甘

油牛油酸酯投入设有蒸汽夹套的不锈钢加热锅内边混合边加热至70～90℃，维持30min灭菌，在另一个不锈钢夹套锅内加入去离子水、甘油，边搅拌边加热至70～90℃，维持20～30min灭菌。然后将油相原料和水相原料进行混合乳化，搅拌冷却至60～50℃，此时加入防腐剂混合，搅拌冷却至45～40℃，即可出料，最后检测灌装即得。

原料配伍 本品各组分质量份配比范围为：白油10、甘油3、鲸蜡醇2、防腐剂适量、肉豆蔻酸肉豆蔻酯4、去离子水79、PEG-200甘油牛油酸酯(70%) 2。

产品应用 本品是一种清爽补水，紧致肌肤的润肤霜，对皮肤具有良好的清爽紧致功效。

产品特性 本产品所述各原料的用量和理化性质产生协调作用，清爽补水，紧致肌肤；pH值与人体皮肤的pH值接近，对皮肤无刺激性；使用后明显感到舒适、柔软，无油腻感，具有明显清爽紧致效果。

配方18 人参芦荟营养霜

原料配比

原料	配比(质量份)	原料	配比(质量份)
翠叶芦荟凝胶干粉	12	双异硬酯酸二聚亚油酸酯	1
人参活性提取物	8	鲸蜡硬醇	2
聚氧乙烯硬脂基醚	5	甘油	2
辛酸/癸酸甘油三酯	5	对羟基苯甲酸乙酯	0.2
异硬脂酸异丙酯	6	维生素E	0.2
异硬脂酸异硬脂醇酯	6	去离子水	52.6

制备方法 将各组分原料混合均匀即可。

原料配伍 本品各组分质量份配比范围为：由活性物质和基质所组成的原料中活性物质包含翠叶芦荟凝胶干粉和人参活性提取物，所述活性物质在该人参芦荟营养霜中的总加入量为15%～25%，其余为基质，且其中它的活性物质的配比组成为翠叶芦荟凝胶干粉50%～70%，人参活性提取物30%～50%。

所述的基质的配比组成为（按质量分数）：聚氧乙烯硬脂基醚4%～6%，辛酸/癸酸甘油三酯4%～6%，异硬脂酸异丙酯5.5%～6.5%，异硬脂酸异硬脂醇酯5.5%～6.5%，双异硬酯酸二聚亚油酸酯0.8%～1.2%，鲸蜡硬醇1.5%～2.5%，甘油1.5%～2.5%，对羟基苯甲酸乙酯0.1%～0.2%，维生素E 0.15%～0.25%，其余为去离子水加至100%。

所述的翠叶芦荟凝胶干粉的制备方法如下。

(1) 选料 选择无病害的新鲜翠叶芦荟叶，进行清洗、消毒、去刺、剥皮。

(2) 打浆　用浆机打成浆液。

(3) 离心　用离心机离心分离除渣。

(4) 脱色　加入2%～3%的活性炭，加热至70℃进行脱色，并放置12h，板框过滤得无色清汁。

(5) 浓缩　真空薄膜浓缩至10倍或20倍。

(6) 喷干　经喷雾干燥机喷成脱色的凝胶干粉。

所述的人参活性提取物的制备方法如下。

(1) 选料　选无病虫害霉菌的吉林人参。

(2) 粉碎　用粉碎机将吉林人参粉碎成40目。

(3) 浸提　加入适量的水在70℃以下四级逆流提取。

(4) 过滤　用板框过滤机过滤得人参清液。

(5) 脱色　加入2%～3%活性炭，加热至70℃，放置12h，用离心机高速离心得无色清液。

(6) 浓缩　真空薄膜浓缩至10倍或20倍。

(7) 喷干　经喷雾干燥机喷成白色干粉。

产品应用　本品主要用于防皱、杀菌、消炎、止痒、止痛，能促进肌肤细胞新陈代谢，有抗辐射、消除粉刺和痤疮的效果。

产品特性　本产品由于采用了芦荟和人参，使其既能美容，同时又能对肌肤保湿、滋养、增白，使肌肤有弹性、光滑，并能防皱、杀菌、消炎、止痒、止痛，能促进肌肤细胞新陈代谢，具有抗辐射、消除粉刺、痤疮等优点。

配方19　人参润肤霜

原料配比

原料	配比(质量份)				
	1#	2#	3#	4#	5#
甘油	100	100	100	100	100
石蜡	60	100	70	90	80
野山人参	10	30	15	25	20
川芎	15	35	20	30	25
香白芷	20	40	25	35	30
芙蓉花	2	4	2.5	3.5	3
当归	1.5	3.5	2	3	2.5
白茯苓	2.5	4.5	3	4	3.5
丝肽	3	7	4	6	5
香精	0.7	1.1	0.8	1	0.9

制备方法

(1) 按照质量份配比称取甘油、石蜡、野山人参、川芎、香白芷、芙蓉花、当归、白茯苓、丝肽和香精；

(2) 将野山人参、川芎、香白芷、芙蓉花、白茯苓和当归研磨成细粉，投入反应釜中，以150～350r/min的速度搅拌60～120min；

(3) 加入甘油、石蜡和丝肽在25～45℃搅拌10～30min；

(4) 加入香精，在20～40℃混合2～4h即可。

原料配伍 本品各组分质量份配比范围为：甘油100，石蜡60～100，野山人参10～30，川芎15～35，香白芷20～40，芙蓉花2～4，当归1.5～3.5，白茯苓2.5～4.5，丝肽3～7，香精0.7～1.1。

产品应用 本品是一种促进皮肤新陈代谢，无毒副作用和刺激性，防止色斑和皱纹产生的人参润肤霜。

产品特性

(1) 产品质量稳定，能迅速渗透至肌肤内层，促进营养成分的吸收，促进皮肤新陈代谢，有效阻隔99.2%～99.6%的电磁波辐射，阻隔99.1%～99.5%的紫外线辐射，阻隔99%～99.4%电脑、电视、手机及其他电子设备的辐射；

(2) 产品无任何毒副作用及刺激性，使用效果显著，有效防止色斑和皱纹的产生；

(3) 具有保湿效果和加强肌肤保湿层的保水能力，对200～400nm波长的光电磁波吸收效果及其优异。

配方20 人参皂苷美白润肤霜

原料配比

原料		配比(质量份)		
		1#	2#	3#
人参皂苷	人参不定根	1	1	1
	甲醇	13	10	15
油相	硬脂酸	3	1	5
	凡士林	0.5	0.8	0.2
	羊毛脂	0.5	0.2	0.8
	液体石蜡	10	12	8
	橄榄油	3	1	5
	乳化剂单脂肪酸甘油酯	1	1.4	0.6
	十八醇	3	1	5

续表

原料		配比(质量份)		
		1#	2#	3#
水相	吐温-80	2	1	3
	斯盘-80	1.5	2.5	0.5
	甘油	5	3	7
	去离子水	69.9	75.4	64.4
功能性组分	人参皂苷	0.1	0.1	0.2
	2-甲基-4-异噻唑啉-3-酮	0.3	0.5	0.1
	茉莉香精	0.2	—	—
	玫瑰香精	—	0.1	—
	紫罗兰香精	—	—	0.2

制备方法

(1) 按质量分称取各组分;

(2) 将油相原料投入油相锅,加热至70~80℃,搅拌至所有原料溶解,保温20~25min,得油相;

(3) 将水相原料投入乳化锅,加热至70~80℃,保温15~18min,加热至100℃灭菌2min,降温至70~80℃,得水相;

(4) 将油相加入水相的乳化锅中,在250~350r/min的速率下,均质45~55min,冷却至40~45℃,加入人参皂苷、防腐剂和香精,搅拌均匀,得到人参皂苷美白润肤霜。

原料配伍 本品各组分质量份配比范围如下。

油相原料:硬脂酸1~5,凡士林0.2~0.8,羊毛脂0.2~0.8,液体石蜡8~12,橄榄油1~5,乳化剂单脂肪酸甘油酯0.6~1.4,十八醇1~5。

水相原料:吐温-80 1~3,斯盘-80 0.5~2.5,甘油3~7,去离子水64.4~75.4。

功能性组分:人参皂苷0.1~0.2,防腐剂0.1~0.5,香精0.1~0.2。

所述人参皂苷用下述方法制成:称取人参不定根,加入10~15份甲醇,80~90℃水浴加热回流提取3~5h,过滤,重复提取1~2次,合并滤液,旋蒸至甲醇挥干,得人参皂苷。

所述防腐剂优选2-甲基-4-异噻唑啉-3-酮。

所述香精优选茉莉香精、玫瑰香精、紫罗兰香精、铃兰香精、玉兰香精或丁香香精。

产品应用 本品是一种人参皂苷美白润肤霜。

产品特性 本产品能有效地抑制黑色素生长,达到良好的美白效果。

配方 21 润肤霜

原料配比

原料	配比(质量份)		
	1#	2#	3#
辛基十二烷醇	4	8	6
椰子油	8	15	13
羊毛醇	5	7	6
硬脂酸铝	3	5	4
维生素 B_5 原液	3	6	5
三色堇	20	30	25
杜鹃	18	20	19
绿茶	18	22	20
金耳	30	40	35
皂角米	18	20	19
卵磷脂	4	6	5
甜杏仁油	4	6	5
小麦胚芽油	8	15	13
马油	7	13	10
透明质酸	4	6	5
蚕丝蛋白	4	8	6
水杨酸	1	3	2

制备方法

(1) 将三色堇 20～30 份和杜鹃 18～20 份一起倒入蒸馏装置中进行蒸馏处理，制得混合纯露，备用；

(2) 将小麦胚芽油 8～15 份与椰子油 8～15 份一起倒入到无菌器皿中水浴加热至 55℃，然后加入辛基十二烷醇 4～8 份并充分搅拌，制得混合油液，备用；

(3) 将羊毛醇 5～7 份倒入步骤 (2) 的混合油液中，然后充分搅拌进行乳化处理，得到乳化油液，备用；

(4) 将绿茶 18～22 份和金耳 30～40 份用开水分别浸泡 3min 和 15min，然后过滤出渣物，并一起倒入到高压锅中，用武火煮至沸腾后，转成文火慢煮 30min，获得浓稠混合液体，备用；

(5) 将皂角米 18～20 份置于粉碎机中进行粉碎处理，然后与适量的蒸馏水倒入到电饭锅中慢煮 50min，获得稠糊，备用；

(6) 将步骤 (4) 的浓稠混合液体和步骤 (1) 的混合纯露充分混合后，置于冷冻离心机中将杂质和液体分离，然后去除杂质，并将液体放入低温蒸发机中蒸发出 85%的水分，得到黏稠液体，备用；

(7) 将步骤 (5) 的稠糊倒入到无菌器皿中，然后自然降温至 50℃左右时加入蚕丝蛋白 4～8 份和步骤 (6) 的黏稠液体充分搅拌均匀，制得混合稠糊，备用；

（8）将步骤（3）的乳化油液倒入到步骤（7）的混合稠糊中，充分搅拌，使步骤（3）的乳化油液中的残留乳化剂充分反应，然后将马油 7～13 份、硬脂酸铝 3～5 份、维生素 B_5 原液 3～6 份、卵磷脂 4～6 份、甜杏仁油 4～6 份、透明质酸 4～6 份和水杨酸 1～3 份一起倒入并充分搅拌均匀，制得乳化稠膏，备用；

（9）将步骤（8）的乳化稠膏进行杀菌处理，然后倒入到不透光包装瓶中，瓶口封上锡纸并拧紧瓶盖，存放于阴凉处。

原料配伍 本品各组分质量份配比范围为：辛基十二烷醇 4～8，椰子油 8～15，羊毛醇 5～7，硬脂酸铝 3～5，维生素 B_5 原液 3～6，三色堇 20～30，杜鹃 18～20，绿茶 18～22，金耳 30～40，皂角米 18～20，卵磷脂 4～6，甜杏仁油 4～6，小麦胚芽油 8～15，马油 7～13，透明质酸 4～6，蚕丝蛋白 4～8，水杨酸 1～3。

产品应用 本品是一种可以使皮肤柔嫩、湿润、光滑、去皱、增加弹性，滋润肌肤及促进自愈力和新陈代谢的润肤霜。

产品特性 本产品添加有马油，可以渗入极微小的间隙中，使用在人体的皮肤上可将毛孔间隙中的空气赶出，并将维生素 B_5、透明质酸和卵磷脂渗透至皮下组织，在养分被吸收的同时，不但不会阻碍皮肤呼吸，而且能使皮肤健康，滋润肌肤及促进自愈力和新陈代谢，减少面部油脂的生成，使肌肤表层纹理和肤色均匀度得到改善，而且杜鹃中含有杜鹃素，有抗细菌和真菌的作用，配合水杨酸的杀菌、消炎作用可以有效防止青春痘生成。

配方 22 山茶油润肤霜

原料配比

原料		配比(质量份)
组分 A	山茶油	2
	肉豆蔻酸异丙酯	1
	甘油三(乙基己酸)酯	1
	季戊四醇四异硬脂酸酯	1
	鲸蜡基乙基己酸酯	1
	十六醇	1
	硬脂酸	1
	单硬脂酸甘油酯	1
	维生素 E	1
	山梨醇酐硬脂酸脂或蔗糖椰油脂一种或两种组合	1

续表

原料		配比(质量份)
组分 B	丙二醇	2
	丙三醇	2
	1,4-丁二醇	2
	海藻提取物	1
	铁甲草提取液	4.5
	去离子水	75.2
组分 C	三乙醇胺	0.12
组分 D	尼泊金甲酯、尼泊金乙酯、尼泊金丙酯	0.2
	无水乙醇	2
	香精	适量

制备方法

(1) 混合组分 A 搅拌下在水浴中加热到 75℃至完全溶解，继续恒温加热 10min，冷却到 60℃后，用加热磁力搅拌器搅拌 10min，转速为 300r/min，加热温度设定为 60℃时，调转速为 400r/min 继续搅拌 10min，重复处理两次至均匀；

(2) 混合组分 B，在 75℃水浴锅中恒温加热 30min，并不断搅拌至均匀；

(3) 组分 D 除香精外尼泊金甲酯、尼泊金乙酯、尼泊金丙酯用 10 倍质量份的无水乙醇溶解；

(4) 用加热磁力搅拌器，设置温度为 60℃、转速为 300r/min 搅拌混合好的组分 A，缓慢将混合组分 B 注入，继续搅拌 30min，至体系均匀，在搅拌下，加入组分 C 三乙醇胺，继续恒温搅拌约 10min，继续搅拌冷却至室温后，加入混合组分 D，搅拌至均匀，加热至 60℃，转速为 300r/min，均质机均质 25min，5min 间隔一次；

(5) 成品在室温下自然冷却后，加入适量香精调香，搅拌均匀，检验，分装。

原料配伍 本品各组分质量份配比范围如下。

组分 A：山茶油 2，肉豆蔻酸异丙酯 1，甘油三（乙基己酸）酯 1，季戊四醇四异硬脂酸酯 1，鲸蜡基乙基己酸酯 1，十六醇 1，硬脂酸 1，单硬脂酸甘油酯 1，维生素 E 1，山梨醇酐硬脂酸脂或蔗糖椰油脂一种或两种组合 1。

组分 B：丙二醇 2，丙三醇 2，1,4-丁二醇 2，海藻提取物 1，铁甲草提取液 4.5，去离子水 75.2。

组分 C：三乙醇胺 0.12。

组分 D：尼泊金甲酯、尼泊金乙酯、尼泊金丙酯 0.2，无水乙醇 2，香精适量。

产品应用 本品是一种润肤霜，绿色环保、纯天然，手感细腻易吸收，对皮肤无刺激，既可滋润皮肤，又可防止皮肤老化、杀菌止痒，具有良好的润肤效果。

产品特性 本产品绿色环保、纯天然，手感细腻、较易吸收，对皮肤无刺激，能达到良好的润肤效果，既可滋润皮肤，又可防止皮肤老化、杀菌止痒，有良好的润肤及美白亮泽效果。

配方 23 山茶油滋润霜

原料配比

原料	配比(质量份)		
	1#	2#	3#
十六十八混合醇	1	2	3
十六酸十八酯	4	3	2
聚二甲基硅氧烷	0.5	1.5	2.5
角鲨烷	3	2	1
山茶油	1	2	3
尼泊金丙酯	0.35	0.15	0.05
EDTA 二钠	0.5	0.3	0.2
尿囊素	0.5	0.3	0.2
D-泛醇	0.3	0.4	0.8
聚丙烯酰胺/聚乙二醇二丙烯酸酯	3	1.8	1
甘油	2	4	6
尼泊金甲酯	0.35	0.2	0.05
三(羟甲基)甲基甘氨酸	1	2	3
茉莉精油	0.5	—	—
天竺葵精油	—	0.35	—
罗马洋甘菊精油	—	—	0.2
去离子水	82	80	77

制备方法

(1) 将十六十八混合醇 1～3 份、十六酸十八酯 2～4 份、聚二甲基硅氧烷 0.5～2.5 份、角鲨烷 1～3 份、山茶油 1～3 份和尼泊金丙酯 0.05～0.35 份称好置于油锅，加热至 80～83℃，搅拌至完全溶解为 A 相，停止加热，待用；

(2) 在水锅中，称取去离子水 77～82 份，将去离子水加热升温至 90℃，保持 30min 后，降温至 80～83℃，加入 EDTA 二钠 0.2～0.5 份、尿囊素 0.2～0.5 份、D-泛醇 0.3～0.8 份、聚丙烯酰胺/聚乙二醇二丙烯酸酯 1～3 份、甘油 2～6 份、尼泊金甲酯 0.05～0.35 份和三（羟甲基）甲基甘氨酸 1～3 份，搅拌，溶解均匀后，成 B 相，待用；

(3) 将 B 相抽入主锅中，然后将 A 相抽入主锅，搅拌均匀，之后均质 6～8min；

(4) 开启真空对主锅内的均质料脱气 5min，缓慢降温至 45℃时真空脱泡约 3min，放空后加入香精；

(5) 在温度降至38℃时，出料，陈化6h，进行质检，合格即可。

原料配伍 本品各组分质量份配比范围为：十六十八混合醇1～3，十六酸十八酯2～4，聚二甲基硅氧烷0.5～2.5，角鲨烷1～3，山茶油1～3，尼泊金丙酯0.05～0.35，EDTA二钠0.2～0.5，尿囊素0.2～0.5，D-泛醇0.3～0.8，聚丙烯酰胺/聚乙二醇二丙烯酸酯1～3，甘油2～6，尼泊金甲酯0.05～0.35，三（羟甲基）甲基甘氨酸1～3，香精0.2～0.5，去离子水77～82。

所述的香精选用植物性天然香料，如茉莉精油、天竺葵精油、罗马洋甘菊精油、玫瑰精油、薰衣草精油、依兰精油或橙花精油中的一种。

产品应用 本品是一种用于调理肌肤，保持肌肤水分平衡、治愈皮肤发炎、红斑现象、促进皮肤再生等多效滋润的山茶油滋润霜。

使用方法是如下。

(1) 清洁皮肤后，涂抹于裸露皮肤处，轻轻按摩1～2min，促进吸收。

(2) 外出旅游时，涂抹于裸露皮肤，轻轻按摩1～2min，可保护皮肤，预防皮肤紫外线损伤。

(3) 本产品也可用于轻度擦伤、皮肤发炎症状，可促进伤口愈合、消炎。

(4) 皮肤干燥、脱皮时可用本产品补充皮肤水分，促进皮肤再生。

产品特性 本产品可有效预防皮肤紫外线损伤、红斑、发炎、干裂、脱皮、擦伤等问题，具有保湿、抗衰老、防皱、滋润、补水、促进皮肤再生等多种功效，是日常护理和外出旅游不可缺少的护理品。

配方24 深层滋润润肤霜

原料配比

原料	配比(质量份)	原料	配比(质量份)
棕榈酸异丙酯	2	白油	6.5
C_{16}～C_{18}醇聚氧乙烯醚	0.5	防腐剂	适量
十六醇	0.5	羟基化牛奶甘油酯	0.7
聚甲基丙烯酸甘油酯和丙二醇	15	香精	适量
C_8～C_{18}甘油三酸酯	2.5	甲基葡萄糖苷二油酸酯	2
甲基葡萄糖苷聚氧乙烯醚(20)	2	去离子水	加至100

制备方法 将油相原料投入设有蒸汽夹套的不锈钢加热锅内边混合边加热至70～90℃，维持30min灭菌，在另一个不锈钢夹套锅内加入去离子水、甘油，边搅拌边加热至70～90℃，维持20～30min灭菌。然后将油相原料和水相原料进行混合乳化，搅拌冷却至60～50℃，此时将防腐剂加入混合，搅拌冷却至45～40℃，即可出料，最后检测灌装即得。

原料配伍 本品各组分质量份配比范围为：棕榈酸异丙酯2、C_{16}～C_{18}醇聚氧乙烯醚0.5、十六醇0.5、聚甲基丙烯酸甘油酯和丙二醇15、C_8～C_{18}甘油三酸酯 2.5、甲基葡萄糖苷聚氧乙烯醚（20）2、白油 6.5、防腐剂适量、羟基化牛奶甘油酯 0.7、香精适量、甲基葡萄糖苷二油酸酯 2、去离子水加至 100。

产品应用　本品是一种润肤性强的深层滋润润肤霜，具有良好的滋润、补水及亮肤功效。

产品特性　本产品所述各原料的用量和理化性质产生协调作用，润肤性强；pH 值与人体皮肤的 pH 值接近，对皮肤无刺激性；使用后明显感到舒适、柔软，保湿，具有明显滋润、补水及亮肤效果。

配方 25　适合油性皮肤使用的润肤霜

原料配比

原料		配比(质量份)			
		1#	2#	3#	4#
润肤剂	辛酸/癸酸甘油三酯	—	—	—	5
	棕榈酸异辛酯	5	10	4	3
	硬脂酸异丙酯	—	—	—	8
	聚二甲基硅氧烷	2	5	1	1
	角鲨烷	5	15	5	—
乳化稳定剂	鲸蜡硬脂醇	1	3	2	—
	鲸蜡醇	—	—	—	2
	甲基葡萄糖苷倍半硬脂酸酯	—	—	—	0.5
	脂肪醇聚氧乙烯醚	2	4	2	1
	单硬脂酸甘油酯	1.5	3	1	1
保湿剂	甘油	3	2	3	3
增稠剂	羧甲基淀粉钠	1	2	—	1.5
	卡波姆	—	—	0.2	—
天然木质纤维素粉	Vivapur CS9 FM 天然木质纤维素粉	2	—	—	—
	Vitacel CS 20 FC 天然木质纤维素粉	—	2	—	—
	Vivapur CS 70 FM 天然木质纤维素粉	—	—	1	—
	Vivapur CS 130 FM 天然木质纤维素粉	—	—	—	1
防腐剂	甲基异噻唑啉酮	—	0.2	0.2	0.2
	羟苯丙酯	0.1	0.1	—	—
	羟苯甲酯	0.2	—	0.2	0.2
中和剂	三乙醇胺		—	0.3	—
香精	玫瑰香精	0.15	0.15	0.15	—
	百合香精	—	—	—	0.15
去离子水		加至 100	加至 100	加至 100	加至 100

制备方法　将润肤剂、乳化稳定剂混合均匀后加热到 70～80℃，制成油相；将保湿剂、增稠剂、天然木质纤维素粉、去离子水混合均匀后加热到70～80℃，制成水相；再将油相和水相加入到真空均质器中均质乳化 3～5min，油相和水相均质乳化后加入防腐剂，搅拌 10～30min，冷却至 50～60℃时，加入香精，搅拌 5～10min，脱气，继续冷却至 45℃以下，出料，得到润肤霜。

原料配伍　本品各组分质量份配比范围为：润肤剂 10～35，乳化稳定剂

3～10，保湿剂1～3，增稠剂0.1～2，目数为115～1340目的天然木质纤维素粉0.5～5，防腐剂0.3～0.4，中和剂0.3，香精0.15，去离子水加至100。

所述的润肤剂为棕榈酸异辛酯、辛酸/癸酸甘油三酯、硬脂酸异丙酯、异硬脂酸异丙酯、月桂酸乙基己酯、鲸蜡硬脂基辛酸酯、异壬酸异壬酯、角鲨烷、聚二甲基硅氧烷、苯基三甲基聚硅氧烷或环戊硅氧烷中的一种或多种。

所述的乳化稳定剂为脂肪醇聚氧乙烯醚、甲基葡萄糖苷倍半硬脂酸酯、硬脂酸聚氧乙烯酯、单硬脂酸甘油酯、聚山梨醇酯、鲸蜡硬脂醇或鲸蜡醇中的一种或多种。

所述的天然木质纤维素粉优选德国瑞登梅尔父子公司（简称JRS）生产的型号为Vivapur CS 9 FM、Vitacel CS 20 FC、Vivapur CS 70 FM或Vivapur CS 130 FM的天然木质纤维素粉。

所述保湿剂优选甘油、丁二醇、丙二醇或聚乙二醇中的一种或多种。

所述增稠剂优选羧甲基淀粉钠、卡波姆或黄原胶中的一种或多种。

所述润肤霜还包括防腐剂和香精，防腐剂和香精在润肤霜中的质量分数为防腐剂0.25%～0.45%、香精0.1%～0.2%。

所述防腐剂优选苯氧乙醇、尼泊金酯类、甲基异噻唑啉酮羟苯丙酯、羟苯甲酯中的一种或多种；香精优选玫瑰香精或百合香精。

所述润肤霜还包括中和剂，该中和剂优选三乙醇胺、氢氧化钠或氢氧化钾中的一种或多种，中和剂在润肤霜中的质量分数为0.2%～0.3%。

产品应用 本品主要用作油性皮肤使用的润肤霜。

产品特性 本产品采用特定粒径的天然木质纤维素粉作为粉料，同时选择合适的润肤剂和乳化稳定剂，再配合保湿剂和增稠剂等成分进行乳化而制得；由于天然木质纤维粉分散性好，微观结构是带状弯曲、凹凸不平、表面多孔洞，因而具有大的比表面积，这种大的比表面积因其毛细管效应对油脂具有很强的吸附力，在油性组分添加量比较大的情况下，仍具有很好的控油效果，另外，天然木质纤维素粉无毒、无味、无污染、无放射性，且在通常条件下是化学上非常稳定的物质，非常适合作为粉料添加到润肤霜中。本产品制备方法简单、膏体细腻稳定，既能使油性皮肤得到深层的滋润，而且能让使用者具有清爽、润滑、亲肤的感觉，特别适合油性皮肤使用。

配方26 水嫩清爽润肤霜

原料配比

原料	配比(质量份)	原料	配比(质量份)
微晶蜡	6	羊毛脂	1
甘油	3	香精	适量

续表

原料	配比(质量份)	原料	配比(质量份)
鲸蜡醇	2	羟基硬脂酸铝镁和矿物油	15
硫酸镁	0.5	去离子水	61
白油	8.5	失水山梨醇单硬脂酸酯	3
防腐剂	适量		

制备方法 将油相原料投入设有蒸汽夹套的不锈钢加热锅内边混合边加热至70～90℃，维持30min灭菌，在另一个不锈钢夹套锅内加入去离子水、甘油，边搅拌边加热至70～90℃，维持20～30min灭菌。然后将油相原料和水相原料进行混合乳化，搅拌冷却至60～50℃，此时将防腐剂加入混合，搅拌冷却至45～40℃，即可出料，最后检测灌装即得。

原料配伍 本品各组分质量份配比范围为：微晶蜡6、甘油3、鲸蜡醇2、硫酸镁0.5、白油8.5、防腐剂适量、羊毛脂1、香精适量、羟基硬脂酸铝镁和矿物油15、去离子水61、失水山梨醇单硬脂酸酯3。

产品应用 本品是一种清爽、保湿的水嫩清爽润肤霜，对皮肤具有良好的补水、滋润功效。

产品特性 本产品所述各原料产生协调作用，清爽、保湿；pH值与人体皮肤的pH值接近，对皮肤无刺激性；使用后明显感到舒适、柔软、保湿，具有明显补水、滋润效果。

配方27 水润保湿润肤霜

原料配比

原料	配比(质量份)	原料	配比(质量份)
十六醇	1	防腐剂	适量
吐温-60	1	橄榄油	20
羊毛油	2.5	香精	适量
甘油	4	辛癸酸甘油酯	4.5
羊毛醇	2	去离子水	51.17
透明质酸	0.03	斯盘-60	3.8
白油	10		

制备方法 将油相原料投入设有蒸汽夹套的不锈钢加热锅内边混合边加热至70～90℃，维持30min灭菌，在另一个不锈钢夹套锅内加入水相原料，边搅拌边加热至70～90℃，维持20～30min灭菌。然后将油相原料和水相原料进行混合、乳化、搅拌、冷却至60～50℃，此时将香精、防腐剂加入混合，搅拌冷却至45～40℃，即可出料，最后检测灌装即得。

原料配伍 本品各组分质量份配比范围为：十六醇1、吐温-60 1、羊毛油2.5、甘油4、羊毛醇2、透明质酸0.03、白油10、防腐剂适量、橄榄油20、香精适量、辛癸酸甘油酯4.5、去离子水51.17、斯盘-60 3.8。

产品应用 本品是一种深层补水、保湿爽肤的润肤霜，对皮肤具有良好的水润保湿功效。

产品特性 本产品所述各原料产生协调作用，深层补水、保湿爽肤；pH值与人体皮肤的pH值接近，对皮肤无刺激性；使用后明显感到舒适、柔软，无油腻感，具有明显水润保湿效果。

配方 28 天然果酸润肤霜

原料配比

原料	配比(质量份)	原料	配比(质量份)
橄榄油	5	天然果酸提取液	4
硅油	1.5	氨基酸提取液	1
白油	5	尼泊金甲酯	0.1
丙三醇	8	香精	适量
单硬脂酸甘油酯	6	防腐剂	适量
十八醇	3	去离子水	适量
十六醇	2		

制备方法

(1) 天然果酸提取液的制备流程为：原料粉碎、果酸提取、粗滤、细滤、精滤、浓缩、提纯、灭菌出提取液。

(2) 将橄榄油、硅油、白油、丙三醇等原料加热至65～75℃，混合搅拌混匀。

(3) 将单硬脂酸甘油酯、十八醇、十六醇、尼泊金甲酯和去离子水等原料加热至75～85℃，混合搅拌均匀。

(4) 将步骤 (1) 和步骤 (2) 的物料混合乳化，加入天然果酸提取液、氨基酸提取液、香精和防腐剂，冷却搅拌，包装即可。

原料配伍 本品各组分质量份配比范围为：橄榄油5，硅油1.5，白油5，丙三醇8，单硬脂酸甘油酯6，十八醇3，十六醇2，天然果酸提取液4，氨基酸提取液1，尼泊金甲酯0.1，香精适量，防腐剂适量，去离子水适量。

产品应用 本品主要是一种天然温和、消炎抑菌的天然果酸润肤霜，对皮肤具有良好的滋润保湿、营养养颜的效果，适用于任何肌肤。

产品特性 本产品所述各原料产生协调作用，天然温和、消炎抑菌；pH值与人体皮肤的pH值接近，对皮肤无刺激性；使用后明显感到舒适、柔软，无油腻感，具有明显的滋润保湿、营养养颜的效果。

配方 29 天然营养润肤霜

原料配比

原料	配比(质量份)	原料	配比(质量份)
月见草籽油	8	硬脂酸	2.4
维生素 E	0.8	乙氧基化甲基葡萄糖苷硬脂酸酯	2.2
十八醇	8	苯甲酸钠	0.1
单硬脂酸甘油酯	2	香精	适量
甘油	9.6	去离子水	加至 100

制备方法

（1）将称量好的乙氧基化甲基葡萄糖苷硬脂酸酯加入去离子水中，加热至70～80℃待用。

（2）把称好的硬脂酸、甘油、单硬脂酸甘油酯、十八醇放入烧杯中，在水浴中加热至 80～90℃熔融。

（3）将步骤（2）所得溶液不断搅拌，把步骤（1）所得溶液徐徐加入搅匀。

（4）将月见草籽油加热至 60℃。

（5）当步骤（3）所得溶液冷却至约 60℃时，加入维生素 E 及步骤（4）所得溶液，在不断搅拌下再加入苯甲酸钠，继续搅拌降至 50℃时加入适量香精，再继续搅拌至 40℃，停止搅拌。制得的膏体具有细腻、滑爽、水亮的特点。

原料配伍 本品各组分质量份配比范围为：月见草籽油 8，维生素 E 0.8，十八醇 8，单硬脂酸甘油酯 2，甘油 9.6，硬脂酸 2.4，乙氧基化甲基葡萄糖苷硬脂酸酯 2.2，苯甲酸钠 0.1，香精适量，去离子水加至 100。

所述的月见草籽油是从柳叶菜科多年生草本植物月见草（又名夜来香）的成熟种籽中提取的有效成分，深黄色油状液体、无味。其中不饱和脂肪酸占有很大比例，尤其是 7-亚麻酸占 9%左右。这种油制成药后，具有降血脂、防血栓、抗衰老等作用。这种油制成的化妆品则具有活血、防止表皮细胞角化、抗衰老和营养功效，为本品有效成分。

产品应用 本品是一种滋润皮肤的天然营养霜。

使用时将适量本品均匀地涂搽于皮肤上，有利于保养和滋润皮肤。

产品特性

（1）使用天然植物油代替矿物油，使用起来安全、可靠。

（2）天然植物油月见草籽油因含有人体必需的脂肪酸，所以具有活血、抗衰老、防皱功能。

（3）对表皮严重角化粗糙的皮肤也有一定的润肤功能。

配方 30　小绵羊油滋润霜

原料配比

原料	配比(质量份)	原料	配比(质量份)
溶剂	64.72	生育酚(维生素E)	0.05
甘油	8	丙二醇	8
乙酰化C_{10}～C_{40}羟烷基酸(胆甾醇/羊毛甾醇)酯类	2	神经酰胺	0.03
植物甾醇类	1.5	乳化剂鲸蜡硬脂基葡糖苷	2
羊毛脂	5	库拉索芦荟叶提取物	0.5
牛油果树果脂	3	保湿剂泛醇	0.5
聚二甲基硅氧烷	4	防腐剂苯氧乙醇	0.7

制备方法

(1) 将A相物料加入油相锅，搅拌加热至80℃，保温20min；

(2) 将B相物料（去离子水、甘油和丙二醇）加入到水相锅内，搅拌升温至85℃，保温20min；

(3) 预热乳化锅，然后真空先抽入B相物料，再高速搅拌抽入A相物料，均质3min；

(4) 均质3min后改中速搅拌保温15min，再进行降温；

(5) 降温至60℃时，加入C相物料搅拌均匀，然后继续降温；

(6) 降温至39℃时加入D相物料并将D相物料搅拌均匀；

(7) 取样送检，合格出料。

原料配伍 本品各组分质量份配比范围为：溶剂64.72，甘油8，乙酰化C_{10}～C_{40}羟烷基酸（胆甾醇/羊毛甾醇）酯类2，植物甾醇类1.5，羊毛脂5，牛油果树果脂3，聚二甲基硅氧烷4，生育酚（维生素E）0.05，丙二醇8，神经酰胺0.03，乳化剂鲸蜡硬脂基葡糖苷2，库拉索芦荟叶提取物0.5，保湿剂泛醇0.5，防腐剂苯氧乙醇0.7。

所述的溶剂为去离子水。

所述的保湿剂包含甘油、丙二醇、库拉索芦荟叶提取物和泛醇。

所述的调理剂包含乙酰化C_{10}～C_{40}羟烷基酸（胆甾醇/羊毛甾醇）酯类、植物甾醇类和神经酰胺。

所述的润肤剂包含羊毛脂、牛油果树果脂和聚二甲基硅氧烷。

所述抗氧化剂是生育酚（维生素E）。

所述的乳化剂是鲸蜡硬脂基葡糖苷。

所述乙酰化C_{10}～C_{40}羟烷基酸（胆甾醇/羊毛甾醇）酯类、植物甾醇类、羊毛脂、牛油果树果脂、鲸蜡硬脂基葡糖苷、聚二甲基硅氧烷、神经酰胺和生育酚（维生素E）组成A相物料。

所述去离子水、甘油和丙二醇组成B相物料。

所述库拉索芦荟叶提取物和泛醇组成C相物料。

所述苯氧乙醇组成D相物料。

产品应用 本品是一种具有高倍的保湿、修护功效，提高宝宝肌肤屏障防护能力的小绵羊油滋润霜。

产品特性 本产品用羊毛甾醇酯精制而成，纯净细腻，有滋润及修护肌肤的功效，能够有效预防和修护宝宝肌肤干燥、粗糙及皲裂等症状。本产品添加植物甾醇类、神经酰胺和维生素E等天然有机成分，具有高倍的保湿、修护功效，提高宝宝肌肤屏障防护能力。

配方31 雪蛤油生态护肤营养霜

原料配比

原料	配比(质量份)	
	1#	2#
雪蛤油水解多肽提取物	5.8	5.35
丝素肽	0.5	0.46
脱氧核糖核酸提取物	0.4	0.5
十八醇	8.05	7.6
单甘酯	0.5	0.45
三压硬脂酸	4.68	4.6
羊毛醇醚	1.2	1.1
氢化羊毛脂	0.5	0.4
非离子型乳化剂	0.35	0.4
丙三醇	10.2	10.5
聚硅氧烷油	1.3	1.2
有益微生物群(FK)	适量	适量
天然香精	适量	适量
蒸馏水	66.16	65.8

制备方法

(1) 选取优质的雪蛤油，用凉蒸馏水浸泡膨胀均质，经凝胶色谱提取水解多肽物质。

(2) 将十八醇、单甘酯、三压硬脂酸、氢化羊毛脂与蒸馏水加热到85℃均质乳化。

(3) 当温度降至70℃时逐步缓慢加入羊毛醇醚、非离子型乳化剂、丙三醇、聚硅氧烷油均质。

(4) 将步骤(1)的雪蛤油多肽提取物、丝素肽和脱氧核糖核酸提取物慢慢加入步骤(3)继续均质乳化。

(5) 将均质待营养霜体温度降至50℃以下时，逐步加入有益微生物群(FK)和天然香精。

(6) 继续降温至35℃时排气，将膏体进行灌装和包装。

原料配伍 本品各组分质量份配比范围为：雪蛤油水解多肽提取物4.8～

6.5，丝素肽 0.3～0.6，脱氧核糖核酸提取物 0.35～0.55，十八醇 7.5～8.2，单甘酯 0.4～0.6，三压硬脂酸 4.5～5.2，羊毛醇醚 1～1.35，氢化羊毛脂 0.38～0.58，非离子型乳化剂 0.3～0.45，丙三醇 10～11，聚硅氧烷油 1～1.5，有益微生物群（FK）适量，天然香精适量，蒸馏水 63.75～69.2。

产品应用 本品主要一种雪蛤油（蛤什蟆油）生态护肤营养霜，对皮肤具有很强的亲和力，有滋润、保湿，延缓衰老，软化角质层，祛除色斑，治疗冻疮、脚气，扩张微血管，使皮肤娇嫩洁白的特效功能。

产品特性 复合多肽生物活性因子即雪蛤油水解多肽提取物，对皮肤具有很强的亲和力，有滋润、保湿，延缓衰老，软化角质层，祛除色斑、治疗冻疮、脚气等绝佳独特功能。丝素肽与人的皮肤协调、相配性能好，具有调理、保湿和营养作用。脱氧核糖核酸提取物（DNA 提取物）是生命中的基本物质，有更新皮肤细胞，扩张微血管，使皮肤娇嫩洁白的特殊效果。

配方 32 银杏叶营养润肤霜

原料配比

原料	配比(质量份)	原料	配比(质量份)
银杏叶提取物	15	丙二醇	5
鲸蜡醇	1	香精	适量
单硬脂酸甘油酯	5	防腐剂	适量
肉豆蔻酸异丙酯	8	去离子水	加至 100
双十八烷基二甲基氯化铵	6		

制备方法

(1) 将银杏叶提取物、鲸蜡醇、丙二醇和去离子水混合加热至 75℃，混合搅拌均匀；

(2) 将单硬脂酸甘油酯、肉豆蔻酸异丙酯和双十八烷基二甲基氯化铵混合加热至 85℃，混合搅拌均匀；

(3) 将步骤（2）所得物缓慢加入步骤（1）所得物，边加入边搅拌，使其彻底熔融，待温度冷却至 50℃时加入防腐剂，冷却至 40℃加入香精，继续搅拌直至室温，静置即得本品，分装。

原料配伍 本品各组分质量份配比范围为：银杏叶提取物 15，鲸蜡醇 1，单硬脂酸甘油酯 5，肉豆蔻酸异丙酯 8，双十八烷基二甲基氯化铵 6，丙二醇 5，香精适量，防腐剂适量，去离子水加至 100。

产品应用 本品是一种防治黑色素、抗炎美白的银杏叶营养润肤霜，对皮肤具有良好的改善修护、嫩白美容的效果。

产品特性 本产品所述各原料产生协调作用，防治黑色素、抗炎美白；pH 值与人体皮肤的 pH 值接近，对皮肤无刺激性；使用后明显感到舒适、柔软，无油腻感，具有明显的改善修护、嫩白美容的效果。

配方 33 营养润肤霜

原料配比

原料		配比(质量份)		
		1#	2#	3#
基础油	凡士林	28	17	20
	硬脂酸	18	22	13
蒸馏水		20	30	40
碱液		1	3	2
表面活性剂	卵磷脂	5	8	2
	十八醇聚氧乙烯醚	4	3	3
营养物质	人参浸出液	3	6	5
	水解蛋白液	7	5	6
	丝瓜浸出液	2	5	3

制备方法

（1）将基础油加入到带有蒸汽夹套的不锈钢加热锅内，混合后加热至80～90℃，维持 30～40min 灭菌。

（2）将蒸馏水、碱液、表面活性剂加入到另一个不锈钢夹套锅内，搅拌并加热至 70～80℃。

（3）将步骤（1）和（2）中的组分混合搅拌均匀，进行乳化。

（4）将乳化体系冷却到 30～40℃时，加入营养物质，边搅拌边冷却，待冷却到室温后，停止搅拌，进行装瓶包装。

原料配伍 本品各组分质量份配比范围为：基础油 30～50，蒸馏水 20～40，碱液 1～3，表面活性剂 5～12，营养物质 10～18。

所述的基础油由以下份数的组分组成：凡士林 17～28 份，硬脂酸 13～22 份。

所述的表面活性剂由以下份数的组分组成：卵磷脂 2～8 份，十八醇聚氧乙烯醚 3～4 份。

所述的营养物质由以下份数的组分组成：人参浸出液 3～6 份，水解蛋白液 5～7 份，丝瓜浸出液 2～5 份。

所述的碱液为浓度为 1%～3%的 NaOH 水溶液。

产品应用 本品是一种营养润肤霜。

产品特性

（1）本产品工艺简单，操作方便；

（2）本产品富含维生素、微量元素、植物精华等物质，温和不刺激，可以有效保护皮肤，维护皮肤健康，延缓衰老。

配方 34　余甘子活肤润肤霜

原料配比

原料	配比(质量份)	原料	配比(质量份)
余甘子	0.5	硅油	1
胶原蛋白	0.1	角鲨烷	5
乳化剂	2	防腐剂	适量
丙二醇	5	香精	适量
霍霍巴油	4	去离子水	加至 100
蜂蜡	7		

制备方法

(1) 将余甘子、胶原蛋白、乳化剂、丙二醇和去离子水加热至 75～80℃，溶解后混合搅拌均匀；

(2) 将霍霍巴油、蜂蜡、硅油和角鲨烷加热至 75～80℃，熔化后混合搅拌均匀；

(3) 将步骤 (1) 和步骤 (2) 的物料混合、均质、乳化、搅拌，并使其冷却至 40℃时，加入防腐剂、香精，继续搅拌 15min，装入已消毒的瓶中即可。

原料配伍　本品各组分质量份配比范围为：余甘子 0.5，胶原蛋白 0.1，乳化剂 2，丙二醇 5，霍霍巴油 4，蜂蜡 7，硅油 1，角鲨烷 5，防腐剂适量，香精适量，去离子水加至 100。

产品应用　本品是一种抗皱美白、调节细胞分泌的余甘子活肤润肤霜，对皮肤具有良好的滋润活肤、美容养颜的效果，适用于任何肌肤。

产品特性　本产品所述各原料的用量和理化性质产生协调作用，抗皱美白、调节细胞分泌；pH 值与人体皮肤的 pH 值接近，对皮肤无刺激性；使用后明显感到舒适、柔软，无油腻感，具有明显的滋润活肤、美容养颜的效果。

配方 35　月见草油保湿润肤霜

原料配比

原料	配比(质量份)		
	1#	2#	3#
月见草籽油	8	6	10
维生素 E	0.8	0.5	1.2
玫瑰精油	0.2	0.2	0.4
十八醇	8	6～10	10
单硬脂酸甘油酯	2	1	3
甘油	9.6	8	10
硬脂酸	2.4	2	3
乙氧基化甲基葡萄糖苷硬脂酸酯	2.2	2	2.5
苯甲酸钠	0.1	0.05	0.15
去离子水	加至 100	加至 100	加至 100

制备方法

(1) 将称量好的乙氧基化甲基葡萄糖苷硬脂酸酯加入到去离子水中加热70～80℃备用。

(2) 将硬脂酸、甘油、单硬脂酸甘油酯、十八醇放入容器中，加热至80～90℃熔融。

(3) 将步骤 (2) 所得的溶液不停地搅拌，把步骤 (1) 所得的溶液缓慢地加入其中，并沿着同一方向搅拌均匀。

(4) 将月见草籽油加热到60℃。

(5) 将步骤 (3) 所得的混合溶液冷却至60℃，加入维生素 E 以及步骤 (4) 所得的溶液，在不断搅拌下再加入苯甲酸钠。继续搅拌、温度降低到室温，加入玫瑰精油，再继续搅拌，或用搅拌器搅拌，直到所制得的膏体细腻、爽滑、水亮。

原料配伍 本品各组分质量份配比范围为：月见草籽油 6～10，维生素E0.5～1.2，玫瑰精油 0～1，十八醇 6～10，单硬脂酸甘油酯 1～3，甘油 8～10，硬脂酸 2～3，乙氧基化甲基葡萄糖苷硬脂酸酯 2～2.5，苯甲酸钠 0.05～0.15，去离子水加至 100。

产品应用 本品是一种月见草油保湿润肤霜。

产品特性 维生素 E 能够促进皮肤的新陈代谢，防止皮肤干燥、粗糙，加强皮肤吸收其他油脂的能力，同时又可以做抗氧化剂，用于保护月见草籽油中的不饱和脂肪酸不被氧化，延长有效时间，有助于产品稳定性。维生素 E 与月见草籽油具有活血，防止表皮细胞角化，抗衰老和营养的功效。另外，添加玫瑰精油，具有舒缓、抑菌功效。

配方 36 珍珠粉营养霜

原料配比

原料	配比(质量份)	
	1#	2#
聚乙烯醇	13.5	15
丙二醇	3	3.5
凡士林(一)	5	6
甘油	12.5	15
凡士林(二)	9.5	11
珍珠粉水解液	10	12
抗氧化剂	适量	适量
蒸馏水	加至 100	加至 100

制备方法

(1) 将丙二醇溶于水中，聚乙烯醇溶入乙醇，加热至75℃，两溶液混合搅拌均匀，放置待用；

(2) 将珍珠粉水解液加入上述制备好的溶液中，搅拌冷却；

(3) 将凡士林作为油相，甘油作为水相，将油相和水相相混合，加热至80℃，搅拌至水相溶入油相中并且乳化，放置待用；

(4) 将上述两种溶液混匀，加入蒸馏水到设定的容量，过滤即得。

原料配伍 本品各组分质量份配比范围为：聚乙烯醇 13.5～15，丙二醇 3～3.5，凡士林（一）5～6，甘油 12.5～15，凡士林（二）9.5～11，珍珠粉水解液 10～12，抗氧化剂适量，蒸馏水加至 100。

所述珍珠粉水解液浓度为 5%。

产品应用 本品是一种珍珠粉营养霜。

产品特性

(1) 珍珠粉中微量元素能促进 SOD 的数量增加，活性增强，硒是制造谷胱甘肽过氧化物酶的主要物质，这种酶与 SOD 一样能清除自由基，改善肤色；并且珍珠粉可以清热解毒、清洁皮肤、控制油分，还可促进受损组织再生恢复。

(2) 本产品具有美白祛斑、保湿补水，使皮肤变得细腻，改善皮肤发黄、暗淡的功效，并能减少油脂，防治粉刺的形成，适合各种肤质。

第四章
雪花膏
Chapter 04

第一节　雪花膏配方设计原则

一、雪花膏的特点

雪花膏是一种古老而又充满生命力的护肤产品，自问世以来一直受到人们的喜爱，历久不衰。顾名思义，雪花膏的外观颜色洁白，遇热容易熔化，涂抹在皮肤上立即消失，就像初冬的新雪飘落在大地上立即融化一样，故名为雪花膏。

雪花膏是由硬脂酸/硬脂酸钠皂为基体组成的 O/W 型乳化体，含油分比较低，在膏霜类化妆品中是一种非油腻性的护肤用品，敷用在皮肤上，水分蒸发后就留下一层硬脂酸、硬脂酸皂和矿物油脂所组成的薄膜，使皮肤与外界干燥空气隔离，延缓表皮水分的挥发。雪花膏里的矿物油能够滋润皮肤，在秋冬季节空气相对湿度较低的情况下，能保护皮肤不致干燥、开裂或粗糙，也可防止皮肤因干燥而引起瘙痒。

以雪花膏作为载体，添加各种具有生理活性的原材料就可以衍生出很多功能性护肤品。

二、雪花膏的分类及配方设计

雪花膏的主要成分是硬脂酸。在配方里硬脂酸担当三重角色——基质材料、护肤油性原料和乳化剂原料。硬脂酸的熔点在 60℃左右，加热熔化后与其他油相、水相混合乳化，冷却后重新凝固成为膏体，支撑起雪花膏的外观。产品中硬脂酸涂抹在皮肤上面遇到体温的“加热”，“雪花”融化了，成为油膜罩在表皮上阻止水分蒸发，保持皮肤湿润。硬脂酸最主要的作用是与碱中和成为乳化剂，使油水两相成为稳定的乳化体。硬脂酸的质量对膏体的质量与稳定性有决定性的影响。硬脂酸一般都是用植物油脂水解制取的，粗的硬脂酸其实是混合脂肪酸，主要包含棕榈酸、硬脂酸和油酸等。油酸是不饱和酸，容易氧化而使膏体变色，所以配制雪花膏所用的硬脂酸一定要经过精制，尽量把油酸去除干净。

雪花膏所使用的表面活性剂主要是硬脂酸皂，而且硬脂酸皂是在产品配制过程中以油相里的硬脂酸与溶解在水相中的碱类发生中和作用就地生成的。可以选择的碱类有氢氧化钠、氢氧化钾、氢氧化铵、硼砂、三乙醇胺等，各种碱配制而成的产品呈现不同的特点。氢氧化铵和三乙醇胺中和硬脂酸制成的雪花膏，膏体柔软而且细腻，光泽度好。但是胺类物质有特殊气味，产品调香比较困难，而且胺和某些香料混合使用容易变色。用氢氧化钠制成的乳化体稠度较大，膏体比较结实，有利于减少油相的分量节省成本。但是硬脂酸钠皂对乳化体的稳定作用较差，存放时间长了会导致膏体有水分析出。采用氢氧化钾配制的膏体比钠皂软，也比较细。在配方设计时要掌握各种碱的特性，根据产品的需要选用不同的碱。实际生产中很多时候两种碱配合使用，通过优势互补提高产品质量，例如，硬脂酸钠占10%，硬脂酸钾占90%。

配方设计时需要留意的是硬脂酸与碱的摩尔比。配方里的硬脂酸部分被中和成为乳化剂，部分需要保留作为基体材料，中和的比例会影响到膏体的性能，需要试验决定。根据实践经验，被中和的硬脂酸占硬脂酸总加入量的15%～30%左右比较合适，剩下的硬脂酸让它处于游离状态。

除了硬脂酸和硬脂酸皂外，雪花膏配方里还要有其他成分。

雪花膏是润肤产品，里面要有一定量的油分。简单的产品使用白矿油。白矿油是一类石油产品，主要成分是饱和烷烃，性质非常稳定，对皮肤没有刺激。白矿油依据黏度不同分为15、20、25等型号，在用量相同情况下使用黏度大的白矿油配制的雪花膏稠度也大一点。高级的雪花膏里常加入羊毛脂等动植物油脂，增强滋润性；也可以添加凡士林增加油性。

甘油也是润肤成分，大多数雪花膏配方中都有甘油。

为了增加乳化体的稳定性，在配方里应该加入辅助乳化剂，比较常用的辅助乳化剂是硬脂酸单甘油酯，与硬酯酸皂配合使用乳化效果很好。

在雪花膏配方里一般都加入少量高碳脂肪醇，例如十六十八醇。其作用是增加膏体稳定性，防止产品涂抹在皮肤上时出现“面条”。

当然，香精和防腐剂是少不了的。雪花膏里使用的主要是油溶性防腐剂，传统上是尼泊金甲酯和尼泊金丙酯搭配使用。

膏霜产品对某些金属离子比较敏感，严重者将出现破乳。上面所用原料都应该对重金属有限量要求，配制产品的水也要求使用去离子水。

第二节　雪花膏配方实例

配方 1　补水保湿雪花膏

原料配比

原料	配比(质量份)	原料	配比(质量份)
硬脂酸	16	抗氧化剂	适量
香精	0.5	聚氧乙烯山梨糖醇酐-硬脂酸酯	1.5
山梨糖醇酐三硬脂酸酯	2	去离子水	70
防腐剂	适量	丙二醇	10

制备方法　将油相原料硬脂酸、山梨糖醇酐三硬脂酸酯、聚氧乙烯山梨糖醇酐-硬脂酸酯溶入乙醇、丙二醇中，然后投入设有蒸汽夹套的不锈钢加热锅内，边混合边加热至 90～95℃，维持 30min 灭菌，加热温度不超过 110℃。在另一个不锈钢夹套锅内加入去离子水、防腐剂、香精，边搅拌边加热至 90～95℃，维持 20～30min 灭菌。然后开启油相加热锅底部放料阀，让油相原料经过滤器流入乳化搅拌锅，再启动水相加热锅，搅拌开启放料阀，使水相原料经过滤器流入乳化锅内，开动乳化锅搅拌器进行乳化，待乳液冷却至 70～80℃时进行温水循环，冷却至 30～40℃时进行无菌装瓶，即得。

原料配伍　本品各组分质量份配比范围为：硬脂酸 16、香精 0.5、山梨糖醇酐三硬脂酸酯 2、防腐剂适量、抗氧化剂适量、聚氧乙烯山梨糖醇酐-硬脂酸酯 1.5、去离子水 70、丙二醇 10。

产品应用　本品主要用于补充水分，防止皮肤干燥的雪花膏，对皮肤具有良好的补水保湿功效，适用于任何肌肤。

产品特性　本品各原料产生协调作用，补充水分，防止皮肤干燥；pH 值与人体皮肤的 pH 值接近，对皮肤无刺激性；使用后明显感到舒适、柔软，无油腻感，具有明显补水保湿效果。

配方 2　纯中药护肤雪花膏

原料配比

原料	配比(质量份)	原料	配比(质量份)
白及	10	硬脂酸	15
白芷	10	甘油	10
白附子	10	液体石蜡	15
皂角	6	尼泊金乙酯	1
甘松	8	香精	适量
乳木果油	13	去离子水	加至 100

制备方法

(1) 将白及、白芷、白附子、皂角、甘松等中药原料粉碎至80～100目，加水煎煮，提取煎煮液浓缩至其1/6，过滤，脱色备用。

(2) 将乳木果油、硬脂酸、液体石蜡等原料混合加热至80℃，搅拌至其完全熔化备用。

(3) 将尼泊金乙酯和甘油混合后加入去离子水，加热至70℃搅拌均匀，缓缓加入步骤(2)所得物料，边加入边搅拌。

(4) 待步骤(3)所得物料温度降至45℃时加入步骤(1)所得浓缩液和香精，搅拌至其完全溶解均匀，静置至室温即可得成品。

原料配伍 本品各组分质量份配比范围为：白及10，白芷10，白附子10，皂角6，甘松8，乳木果油13，硬脂酸15，甘油10，液体石蜡15，尼泊金乙酯1，香精适量，去离子水加至100。

产品应用 本品是一种温和无刺激、美白护肤的纯中药护肤雪花膏，对皮肤具有良好的滋润保湿、美肤养颜的效果，适用于任何肌肤。

产品特性 本品各原料产生协调作用，温和无刺激、美白护肤；pH值与人体皮肤的pH值接近，对皮肤无刺激性；使用后明显感到舒适、柔软，无油腻感，对皮肤具有滋润保湿、美肤养颜的效果。

配方3 当归护肤雪花膏

原料配比

原料	配比(质量份)	原料	配比(质量份)
羊毛脂	50	当归提取物	10
甘油单硬脂酸酯	25	酒精	90
凡士林	22	三乙醇胺	1
液态石蜡	22	水	适量
漂白蜂蜡	10	尼泊金乙酯	适量
硬脂酸	6	香精	适量

制备方法

(1) 将当归提取物浓缩、蒸馏，回收酒精，得黄褐色提取物，经精制得白色粉末，然后加入三乙醇胺和水，配成溶液，得品A，备用；

(2) 把甘油单硬脂酸酯、漂白蜂蜡、液态石蜡、羊毛脂、凡士林、硬脂酸投入溶解锅中，加热、搅拌、混合，得品B；

(3) 将品B加热至70～80℃，在搅拌的条件下，把品A的溶液慢慢加入其中，加完后搅拌均匀，得品C；

(4) 把尼泊金乙酯和香精加入到品C中，搅拌，混合均匀成膏体，冷却，装瓶得成品。

原料配伍 本品各组分质量份配比范围为：羊毛脂 50，甘油单硬脂酸酯 25，凡士林 22，液态石蜡 22，漂白蜂蜡 10，硬脂酸 6，当归提取物 10，酒精 90，三乙醇胺 1，水适量，尼泊金乙酯适量，香精适量。

产品应用 本品是一种温和无刺激、美白养颜的当归护肤雪花膏，对皮肤具有良好的滋润、保湿、美白的效果，适用于任何肌肤。

产品特性 本产品各原料产生协调作用，温和无刺激、美白养颜；pH 值与人体皮肤的 pH 值接近，对皮肤无刺激性；使用后明显感到舒适、柔软，无油腻感，具有营养保湿美白的效果。

配方 4 防治痱子、疮疖的雪花膏

原料配比

原料		配比(质量份)					
		1#	2#	3#	4#	5#	6#
中药提取物	苦参	180	250	220	230	180	250
	生大黄	180	230	200	190	230	180
	生军	150	200	180	180	200	150
	雄黄	80	120	100	90	80	120
	黄连	80	120	100	100	120	120
	冰片	80	120	100	110	80	80
	白芷	120	160	140	130	160	120
中药提取物		450	500	470	460	500	450
甘油		50	80	70	60	50	80
橄榄油		40	70	60	50	70	70
硬脂酸		120	170	140	130	120	120
羊毛脂		40	70	60	60	70	70
单硬脂酸甘油酯		20	40	30	35	20	20
香精		5	8	6	7	7	6

制备方法

(1) 中药提取物的制作：按中药配方称取苦参、生大黄、生军、雄黄、黄连、冰片、白芷分别粉碎，置于容器中，加入 75%～80%的乙醇溶液，保持温度为 20～40℃，密闭浸泡 6～8 天，精滤，获得滤液①；再向滤渣中加入 75%～80%的乙醇溶液，保持温度为 20～40℃，密闭浸泡 6～8 天，精滤获得滤液②；将滤液①和滤液②混合，用活性炭脱色，获得无色透明溶液，再减压蒸馏，使乙醇的含量为 10%～15%，即为中药提取物，备用。

(2) 按配方称取中药提取物、甘油、橄榄油、硬脂酸、羊毛脂、单硬脂酸甘油酯、香精；将中药提取物、甘油、硬脂酸混合在一起，搅拌均匀；将橄榄油、羊毛脂、单硬脂酸甘油酯混合在一起搅拌均匀；再将两种混合液混在一起，边加热边搅拌，保持温度为 70～75℃，搅拌 15～20min 后，加入香精，继续搅拌 5～10min，冷却至室温，灌装即为成品。

原料配伍 本品各组分质量份配比范围为：中药提取物 450～500、甘油 50～80、橄榄油 40～70、硬脂酸 120～170、羊毛脂 40～70、单硬脂酸甘油酯 20～40、香精 5～8。

所述的中药配方为（以质量计）：苦参 180～250、生大黄 180～230、生军 150～200、雄黄 80～120、黄连 80～120、冰片 80～120、白芷 120～160。

产品应用 本品主要用于防治痱子、疮疖的雪花膏。

产品特性

（1）该雪花膏除了护肤的作用外，还具有治疗痱子、疮疖等疾病的作用。

（2）该雪花膏在保留中药膏的治疗作用的前提下，去除了中药的不好气味和颜色，更加适用于面部、前臂等裸露部位的疾病处理。

配方 5 蜂王浆营养雪花膏

原料配比

原料	配比(质量份)		
	1#	2#	3#
蜂王浆	5	5	5
硬脂酸	8	8	8
鲸蜡醇	13	13	13
橄榄油	6	6	6
甘油单月桂酸酯	3	3	3
山梨糖醇	3	3	3
凡士林	5	5	5
5,7,4′-三羟基黄酮	0.105	0.15	—
花青素	0.045	—	0.15
水	加至 100	加至 100	加至 100

制备方法 将蜂王浆加入水中并加热至 75℃；再把除美白剂外的其他各种原料混合，加热至 75℃，溶解，混匀；然后将上述两种液体混合搅匀，降温至 40℃，再加入美白剂，继续搅拌均匀，冷却至室温，即可制得本品。

原料配伍 本品各组分质量份配比范围为：蜂王浆 4～6，硬脂酸 6～10，鲸蜡醇 10～16，橄榄油 4～8，甘油单月桂酸酯 2～4，山梨糖醇 2～4，凡士林 4～6，美白剂 0.15～0.25，水加至 100。

所述美白剂为 5,7,4′-三羟基黄酮和花青素。优选的美白剂由 60%～80% 的 5,7,4′-三羟基黄酮和 20%～40%的花青素组成。

所述蜂王浆，又名蜂皇浆、蜂乳、蜂王乳，是蜜蜂巢中培育幼虫的青年工蜂咽头腺的分泌物，是供给将要变成蜂王的幼虫的食物。蜂王浆是高蛋白，并含有维生素 B 类和乙酰胆碱等。

还可以添加其他原料，如防腐剂、香精、颜料等，其他原料加入基本实现其各自的功能，通常不会影响本产品的基本性能。

产品应用 本品是一种蜂王浆营养雪花膏。

产品特性

(1) 蜂王浆中含有12种以上蛋白质、20多种氨基酸、10多种维生素，尤其维生素B类特别丰富，不但是营养滋补品，而且具有显著的美容功效。蜂王浆所含的大量活性物质能激活酶系统，使脂褐素排出体外，降低其含量。而且蜂王浆还具有抗菌、消炎、抗辐射的作用，可预防皮肤感染、发炎及辐射损伤，阻止皮肤黑色素的形成，防止及去除皱纹，护理皮肤，保持皮肤清洁白皙，维护皮肤的柔嫩、美观、健康。

(2) 本产品营养丰富，附着性好，并可防治皮肤皲裂，特别还具有美白肌肤的效果。

配方6 含白果仁提取液的祛痘雪花膏

原料配比

原料	配比(质量份)		
	1#	2#	3#
白果仁提取液	16	17	18
茶树油	16	15	14
薰衣草油	16	15	14
丝柏油	16	15	14
香精	3	4	6
天竺葵油	16	15	14
蜂蜡	17	17	20

制备方法 取上述白果仁提取液、茶树油、薰衣草油、丝柏油、香精、天竺葵油放入消毒过的干净容器中，充分搅拌均匀，每隔3min搅拌一次，直至搅拌30min后，加入香精和蜂蜡，再轻轻搅拌均匀即可得祛痘雪花膏。

原料配伍 本品各组分质量份配比范围为：白果仁提取液16～18，茶树油14～16，薰衣草油14～16，丝柏油14～16，香精3～6，天竺葵油14～16，蜂蜡17～20。

所述的香精为玫瑰香精。

产品应用 本品是一种含白果仁提取液的祛痘雪花膏。

产品特性 本品具有可以平衡油脂分泌，调理肌肤，减少细小皱纹，调节体内循环的功效，可抑制皮肤真菌，并可延缓皮肤衰老，防止皮肤粗糙，而且有祛痘不留痕的效果。

配方7 含山苍子油的雪花膏

原料配比

原料	配比(质量份)	原料	配比(质量份)
山苍子油	7	三乙醇胺	0.3
单硬脂酸甘油酯	3	尿素	0.3
硬脂酸	8	氯化钾	0.1
甘油	8	樟脑	0.1
胶原蛋白酶	1	乙醇	0.3
维生素 F	3	去离子水	加至 100
乳化蜡	3		

制备方法

(1) 将单硬脂酸甘油酯、硬脂酸、胶原蛋白酶、乙醇等原料溶于去离子水中，混合加热至 80℃，搅拌均匀备用；

(2) 将山苍子油、甘油、乳化蜡、三乙醇胺、尿素、氯化钾和樟脑等原料混合加热至 80℃，搅拌均匀备用；

(3) 将步骤 (2) 所得物料在搅拌下缓缓加入步骤 (1) 所得物料中，混合乳化 20min，待温度冷却至 45℃时加入维生素 F 搅拌均匀，冷却至室温即可得成品，消毒装瓶即可。

原料配伍 本品各组分质量份配比范围为：山苍子油 7，单硬脂酸甘油酯 3，硬脂酸 8，甘油 8，胶原蛋白酶 1，维生素 F3，乳化蜡 3，三乙醇胺 0.3，尿素 0.3，氯化钾 0.1，樟脑 0.1，乙醇 0.3，去离子水加至 100。

产品应用 本品是一种消炎抗菌、温和调节肌肤的含山苍子油的雪花膏，对皮肤具有良好的持续补水保湿、嫩肤养颜的效果，适用于任何肌肤。

产品特性 本品各原料产生协调作用，消炎抗菌、温和调节肌肤；pH 值与人体皮肤的 pH 值接近，对皮肤无刺激性；使用后明显感到舒适、柔软，无油腻感，对皮肤具有持续补水保湿、嫩肤养颜的效果。

配方 8 含植物草本精华的雪花膏

原料配比

原料	配比(质量份)	原料	配比(质量份)
蜂蜡	5	硫酸软骨素	4
单硬脂酸甘油酯	4	槐花提取液	7
山嵛醇	1.5	水解胶原	3
十八醇	3	玫瑰油	1
氢化蓖麻油	6	去离子水	加至 100
白油	16		

制备方法

(1) 将蜂蜡、单硬脂酸甘油酯、山嵛醇、十八醇、氢化蓖麻油和白油等原料加热至 80℃一起熔融，制得混合物备用；

（2）将硫酸软骨素、槐花提取物、水解胶原等原料加入去离子水中并加热至80℃，然后将步骤（1）的所得混合物缓缓加入并搅拌，待其冷却至40℃时加入玫瑰油搅拌均匀，冷却至室温即可得成品。

原料配伍 本品各组分质量份配比范围为：蜂蜡5，单硬脂酸甘油酯4，山嵛醇1.5，十八醇3，氢化蓖麻油6，白油16，硫酸软骨素4，槐花提取液7，水解胶原3，玫瑰油1，去离子水加至100。

产品应用 本品是一种温和补水、增加皮肤弹性的含植物草本精华的雪花膏，具有良好的滋养嫩肤、防晒护肤的效果，适用于任何肌肤。

产品特性 本品各原料产生协调作用，温和补水、增加皮肤弹性；pH值与人体皮肤的pH值接近，对皮肤无刺激性；使用后明显感到舒适、柔软，无油腻感，具有滋养嫩肤、防晒护肤的效果。

配方9 霍霍巴油雪花膏

原料配比

原料		配比(质量份)		
		1#	2#	3#
A组分	霍霍巴油	5	5	5
	羊毛脂	5	5	5
	水解蛋白	0.2	0.2	0.2
	鲸蜡醇	5	5	5
	凡士林	3.5	3.5	3.5
	角鲨烷	5	5	5
	甘油单硬脂酸酯	3	3	3
	蓖麻油	3	3	3
B组分	5,7,4′-三羟基黄酮	0.105	0.15	—
	花青素	0.045	—	0.15
C组分	丙二醇	8	8	8
	甘油	10	10	10
	软骨素硫酸钠	0.3	0.3	0.3
	水	加至100	加至100	加至100

制备方法 分别将A组分和C组分加热至70℃，使各种原料充分溶解。在搅拌下，将A组分加入至C组分中，搅拌均匀，冷却至40℃，加入B组分，搅拌均匀，冷却至室温，即可制得本品。

原料配伍 本品各组分质量份配比范围如下。

A组分：霍霍巴油4～6，羊毛脂4～6，水解蛋白0.1～0.3，鲸蜡醇2～8，凡士林2～5，角鲨烷3～7，甘油单硬脂酸酯1～5，蓖麻油1～5。

B组分：美白剂0.15～0.25。

C组分：丙二醇6～10，甘油8～12，软骨素硫酸钠0.1～0.5，水加至100。

所述美白剂为5,7,4-三羟基黄酮和花青素。优选的美白剂由60%～80%的5,7,4-三羟基黄酮和20%～40%的花青素组成。

还可以添加其他原料，如防腐剂、香精、颜料等，其他原料加入基本实现其各自的功能，通常不会影响本品的基本性能。

产品应用 本品是一种霍霍巴油雪花膏。

产品特性 本产品营养丰富，滑爽而油润，对提高皮肤张力和抗皱有显著效果，特别还具有美白肌肤的效果。

配方10 灵芝雪花膏

原料配比

原料		配比(质量份)		
		1#	2#	3#
A组分	白油	5	5	5
	羊毛脂	20	20	20
	蔗糖硬脂酸酯	8	8	8
	橄榄油	5	5	5
B组分	5,7,4′-三羟基黄酮	0.105	0.15	—
	花青素	0.045	—	0.15
	灵芝提取物	0.2	0.2	0.2
C组分	山梨糖醇	3	3	3
	水	加至100	加至100	加至100

制备方法 分别将A组分和C组分加热至80℃，使各种原料充分溶解。在搅拌条件下，将A组分加入至C组分中，搅拌均匀，冷却至40℃，再加入B组分，搅拌均匀，冷却至室温，即可制得本品。

原料配伍 本品各组分质量份配比范围如下。

A组分：白油4～6，羊毛脂16～24，蔗糖硬脂酸酯6～10，橄榄油4～6。

B组分：灵芝提取物0.1～0.3，美白剂0.15～0.25。

C组分：山梨糖醇2～4，水加至100。

所述美白剂为5,7,4′-三羟基黄酮和花青素。优选的美白剂由60%～80%的5,7,4′-三羟基黄酮和20%～40%的花青素组成。

所述灵芝又称灵芝草、神芝、芝草、仙草、瑞草，是多孔菌科植物赤芝或紫芝的全株。

还可以添加其他原料，如防腐剂、香精、颜料等，其他原料加入基本实现其各自的功能，通常不会影响本产品的基本性能。

产品应用 本品是一种灵芝雪花膏。

产品特性　本产品具有显著的润泽皮肤和消除皮肤粗糙的作用，特别还具有美白肌肤的效果。

配方 11　芦荟祛斑养颜雪花膏

原料配比

原料	配比(质量份)	原料	配比(质量份)
芦荟凝胶冻干粉	20	1,3-丁二醇	5
熊果苷	10	甘油	7
维生素 B_3	5	氮酮	4
尿囊素	0.5	红没药醇	0.8
亚硫酸氢钠	0.5	香精	适量
乙醇	45	去离子水	加至 100

制备方法

(1) 芦荟凝胶冻干粉的制备方法：将鲜芦荟捣浆后过滤、离心，进行循环浓缩后得芦荟凝胶浓缩汁，加入乙醇，常温下充分搅拌，静置 1～3h，过滤，回收乙醇，收集芦荟汁再过滤，收集滤液再进行循环过滤，再收集浓缩液，进一步冷冻干燥即可。

(2) 将固体原料熊果苷、维生素 B_3、尿囊素、亚硫酸氢钠分别粉碎，将芦荟凝胶冻干粉和粉碎后的固体原料过 120 目筛，在混合机中混合均匀。

(3) 将乙醇、1,3-丁二醇和适量的香精在预溶锅中混匀备用。

(4) 将氮酮、红没药醇和去离子水加入真空搅拌锅中，真空搅拌 10min，加入步骤 (3) 所得料液真空搅拌 25min，转入陈化锅陈化 48h，最后加入步骤 (2) 所得物料，充分搅拌，混合熔化均匀，过滤后静置 2h 即可分装。

原料配伍　本品各组分质量份配比范围为：芦荟凝胶冻干粉 20，熊果苷 10，维生素 B_3 5，尿囊素 0.5，亚硫酸氢钠 0.5，乙醇 45，1,3-丁二醇 5，甘油 7，氮酮 4，红没药醇 0.8，香精适量，去离子水加至 100。

产品应用　本品是一种消炎抗菌、祛斑祛粉刺的芦荟祛斑养颜雪花膏，对皮肤具有良好的祛斑美容、嫩滑柔肤的效果，适用于任何肌肤。

产品特性　本品各原料产生协调作用，消炎抗菌、祛斑祛粉刺；pH 值与人体皮肤的 pH 值接近，对皮肤无刺激性；使用后明显感到舒适、柔软，无油腻感，具有祛斑美容、嫩滑柔肤的效果。

配方 12　玫瑰雪花膏

原料配比

原料		配比(质量份)		
		1#	2#	3#
A组分	白油	8	8	8
	硬脂酸	8	8	8
	鲸蜡醇	2	2	2
	AEO-9	1	1	1
	玫瑰油	0.6	0.6	0.6
B组分	5,7,4′-三羟基黄酮	0.105	0.15	—
	花青素	0.045	—	0.15
C组分	山梨糖醇	3	3	3
	水	加至100	加至100	加至100

制备方法 分别将A组分和C组分加热至80℃，使各种原料充分溶解。在搅拌下，将A组分加入至C组分中，搅拌均匀，冷却至40℃，再加入B组分，搅拌均匀，冷却至室温，即可制得本产品。

原料配伍 本品各组分质量份配比范围如下。

A组分：白油6～10，硬脂酸6～10，鲸蜡醇1～3，AEO-9 0.5～1.5，玫瑰油0.4～0.8。

B组分：美白剂0.15～0.25。

C组分：山梨糖醇2～4，水加至100。

所述美白剂为5,7,4′-三羟基黄酮和花青素。优选的美白剂由60%～80%的5,7,4′-三羟基黄酮和20%～40%的花青素组成。

还可以添加其他原料，如防腐剂、香精、颜料等，其他原料加入基本实现其各自的功能，通常不会影响本品的基本性能。

产品应用 本品是一种玫瑰雪花膏。

产品特性 本产品营养丰富，具有馨甜馥郁的玫瑰香气，又可润肤防皱，特别还具有美白肌肤的效果。

配方13 美白雪花膏

原料配比

原料	配比(质量份)	原料	配比(质量份)
蜂蜡	1.2	山梨糖醇	3
硬脂酸	6	单硬脂酸酯角鲨烷	6
叔丁基对苯二酚	0.2	氢氧化钾	1.5
鲸蜡醇	3	尼泊金甲酯	0.5
丙三醇	3	香精	0.3
D-熊果苷	4	去离子水	68.8
豆蔻酸异丙酯	2.5		

制备方法 于反应釜中加入蜂蜡、硬脂酸、鲸蜡醇、豆蔻酸异丙酯，搅拌

加热升温至90℃，使油相完全溶解，在另一反应釜中加入丙三醇、叔丁基对苯二酚、山梨糖醇、氢氧化钾、尼泊金甲酯、去离子水，搅拌加热升温至90℃，在搅拌状态下，将水相缓缓加入油相中，全部加完后保持温度35min进行皂化反应，待搅拌至胶状时（约50℃），加入D-熊果苷、单硬脂酸酯角鲨烷、香精，再搅拌10min即可，为防止发生胶体局部结块现象等，搅拌后的胶体要静置1～2天，使其冷却均匀后即可得产品。

原料配伍 本品各组分质量份配比范围为：蜂蜡1.2，硬脂酸6，叔丁基对苯二酚0.2，鲸蜡醇3，丙三醇3，D-熊果苷4，豆蔻酸异丙酯2.5，山梨糖醇3，单硬脂酸酯角鲨烷6，氢氧化钾1.5，尼泊金甲酯0.5，香精0.3，去离子水68.8。

产品应用 本品是一种雪花膏。

产品特性 本产品对皮肤无刺激性，在美白功能上更加显著，效果持续时间更长，对于日旋光性曝晒斑点以及暗沉的肤色状况，更是有不错的改善效果，同时也不会引起黑色素细胞的毒杀作用，可以让黑色素细胞仍然存在着正常的生理机转。

配方14 明亮美肌雪花膏

原料配比

原料	配比(质量份)	原料	配比(质量份)
乙二醇硬脂酸酯	6	十六醇	1
聚乙二醇单硬脂酸酯	3	尼泊金甲酯	0.07
单硬脂酸甘油酯	1.2	尼泊金丙酯	0.03
三乙醇胺	0.6	香精	适量
硬脂酸	20	甘油	2
蒸馏水	66.1		

制备方法 将油相原料乙二醇硬脂酸酯、聚乙二醇单硬脂酸酯、单硬脂酸甘油酯、三乙醇胺、硬脂酸、十六醇、甘油投入设有蒸汽夹套的不锈钢加热锅内，边混合边加热至90～95℃，维持30min灭菌，加热温度不超过110℃，在另一个不锈钢夹套锅内加入蒸馏水、尼泊金甲酯、尼泊金丙酯、香精，边搅拌边加热至90～95℃，维持20～30min灭菌。测量油脂加热锅温度至规定温度后，开启加热锅底部放料阀，让油脂经过滤器流入乳化搅拌锅，然后启动水相加热锅，搅拌开启放料阀，使水经过油脂过滤器流入乳化锅内，待乳液冷却至70～80℃时进行温水循环，冷却至30～40℃时进行无菌装瓶，即得。

原料配伍 本品各组分质量份配比范围为：乙二醇硬脂酸酯6、聚乙二醇单硬脂酸酯3、单硬脂酸甘油酯1.2、三乙醇胺0.6、硬脂酸20、蒸馏水66.1、十六醇1、尼泊金甲酯0.07、尼泊金丙酯0.03、香精适量、甘油2。

产品应用 本品主要用于补水保湿，提亮皮肤的雪花膏，对皮肤具有良好的明亮润肤功效，适用于任何肌肤。

产品特性 本品各原料产生协调作用，补水保湿，提亮皮肤；pH 值与人体皮肤的 pH 值接近，对皮肤无刺激性；使用后明显感到舒适、柔软，无油腻感，具有明显明亮润肤效果。

配方 15 牛奶美容护肤雪花膏

原料配比

原料		配比(质量份)		
		1#	2#	3#
A 组分	白油	14	14	14
	凡士林	12	12	12
	硬脂酸	4	4	4
	柠檬油	0.5	0.5	0.5
B 组分	5,7,4′-三羟基黄酮	0.105	0.15	—
	花青素	0.045	—	0.15
C 组分	三乙醇胺	0.4	0.4	0.4
	山梨糖醇	3	3	3
	水	加至 100	加至 100	加至 100

制备方法 分别将 A 组分和 C 组分加热至 80℃，使各种原料充分溶解。在搅拌下，将 A 组分加入至 C 组分中，搅拌均匀，冷却至 40℃，加入 B 组分(包括牛奶)，搅拌均匀，冷却至室温，即可制得本品。

原料配伍 本品各组分质量份配比范围如下。

A 组分：白油 12～16，凡士林 10～14，硬脂酸 2～6，柠檬油 0.2～0.8。

B 组分：美白剂 0.15～0.25。同时加牛奶 10～14。

C 组分：三乙醇胺 0.2～0.6，山梨糖醇 2～4，水加至 100。

所述美白剂为 5,7,4′-三羟基黄酮和花青素。优选的美白剂由 60%～80% 的 5,7,4′-三羟基黄酮和 20%～40%的花青素组成。

还可以添加其他原料，如防腐剂、香精、颜料等，其他原料加入基本实现其各自的功能，通常不会影响本品的基本性能。

产品应用 本品是一种牛奶美容护肤雪花膏。

产品特性 本产品具有显著的润泽皮肤作用，可以减缓皮肤衰老和皱纹的产生，使皮肤保持弹性，特别还具有美白肌肤的效果。

配方 16 牛奶嫩肤雪花膏

原料配比

原料	配比(质量份)	原料	配比(质量份)
十六醇	1	1,3-丁二醇	3.5
鲸蜡硬脂醇	1.5	去离子水	55
聚二甲硅氧烷	1.5	鲜牛奶	20
月桂氮䓬酮	1	丙二醇	1.5
红没药醇	0.7	乙二胺四乙酸二钠	0.02
霍霍巴油	1.7	胶原蛋白	1.7
白油	3	丝肽	1.7
神经酰胺E	0.5	咪唑烷基脲	0.2
2,6-二叔丁基对甲酚	0.01		

制备方法

(1) 将十六醇、鲸蜡硬脂醇、聚二甲硅氧烷、霍霍巴油、白油、神经酰胺E等原料放入A容器中加热至80～90℃，搅拌并保温5min，然后加入月桂氮䓬酮、红没药醇、2,6-二叔丁基对甲酚搅拌升温至100℃，保温10～15min，之后再降温至85～90℃，保温待用；

(2) 将1,3-丁二醇、去离子水、鲜牛奶、丙二醇等原料加入B容器中并搅拌加热至85～90℃，保温待用；

(3) 将胶原蛋白和丝肽混合放入C容器中并加热至50～60℃；

(4) 将A和B容器所得物料放入D容器内，在3000r/min的搅拌速度下搅拌乳化5min，降温至50～60℃，将C容器的物料也加入D容器中，在60r/min的搅拌速度下搅拌20min，待其温度降至40℃时加入咪唑烷基脲，继续搅拌10min，待温度降至30℃以下时，停止搅拌，放置24h后方可包装。

原料配伍 本品各组分质量份配比范围为：十六醇1，鲸蜡硬脂醇1.5，聚二甲硅氧烷1.5，月桂氮䓬酮1，红没药醇0.7，霍霍巴油1.7，白油3，神经酰胺E 0.5，2,6-二叔丁基对甲酚0.01，1,3-丁二醇3.5，去离子水55，鲜牛奶20，丙二醇1.5，乙二胺四乙酸二钠0.02，胶原蛋白1.7，丝肽1.7，咪唑烷基脲0.2。

产品应用 本品是一种天然温和、改善皮肤性能的牛奶嫩肤雪花膏，对皮肤具有良好的滋润美白、营养保健的效果，适用于任何肌肤。

产品特性 本品各原料产生协调作用，天然温和、改善皮肤性能；pH值与人体皮肤的pH值接近，使用后明显感到舒适、柔软，无油腻感，对皮肤具有滋润美白、营养保健的效果。

配方17 苹果雪花膏

原料配比

原料	配比(质量份)	原料	配比(质量份)
硬脂酸	6	斯盘-60	3
角鲨烷	6	吐温-60	2
蜂蜡	1.2	丙二醇	3
鲸蜡醇	3	防腐剂	0.4
山梨醇酯	3	抗氧化剂	0.2
香精	0.4	去离子水	加至100
苹果油	0.3		

制备方法 将除去香精的所有组分混合加热至80～90℃，然后搅拌乳化，当温度降至40～50℃时加入香精，冷却至室温。

原料配伍 本品各组分质量份配比范围为：硬脂酸6，角鲨烷6，蜂蜡1.2，鲸蜡醇3，山梨醇酯3，香精0.4，苹果油0.3，斯盘-60 3，吐温-60 2，丙二醇3，防腐剂0.4，抗氧化剂0.2，去离子水加至100。

产品应用 本品是一种植物油营养型雪花膏。

产品特性 本产品能够提高皮肤张力，对皮肤防皱及改变皮肤粗糙性具有显著效果，同时对粉刺、毛囊炎、皮肤湿疹有较好的疗效。

配方18 苹果油雪花膏

原料配比

原料	配比(质量份)	原料	配比(质量份)
羊毛脂	22	苹果油	0.5
凡士林	12	去离子水	36.5
单硬脂酸甘油酯	11	三乙醇胺	0.3
白油	9	对羟基苯甲酸甲酯	0.2
蜂蜡	5	香精	0.5
硬脂酸	3		

制备方法

(1) 将羊毛脂、凡士林、单硬脂酸甘油酯、白油、蜂蜡、硬脂酸混合，搅拌加热至75℃使其溶解；

(2) 将上述溶解液加入苹果油搅匀；

(3) 将去离子水、三乙醇胺、对羟基苯甲酸甲酯混合，搅拌加热至75℃；

(4) 将步骤(2)所得油性溶液和步骤(3)所得的水性溶液混合进行乳化；

(5) 当温度降至45℃时加入香精，放置24h后分装。

原料配伍 本品各组分质量份配比范围为：羊毛脂22，凡士林12，单硬脂酸甘油酯11，白油9，蜂蜡5，硬脂酸3，苹果油0.5，去离子水36.5，三乙醇胺 0.3，对羟基苯甲酸甲酯 0.2，香精 0.5。

产品应用 本品是一种苹果油雪花膏。

产品特性 本产品清香温和，没有刺激，产品中的苹果油能使皮肤毛细管扩张，促进血液循环，对粉刺、皮炎、老年斑有一定疗效。

配方 19 人参护肤雪花膏

原料配比

原料		配比(质量份)		
		1#	2#	3#
A 组分	羊毛脂	5	5	5
	凡士林	10	10	10
	硬脂酸	10	10	10
	蔗糖二月桂酸酯	2	2	2
B 组分	5,7,4′-三羟基黄酮	0.105	0.15	—
	花青素	0.045	—	0.15
	人参皂苷	0.2	0.2	0.2
C 组分	三乙醇胺	0.6	0.6	0.6
	水	加至 100	加至 100	加至 100

制备方法 分别将 A 组分和 C 组分加热至 80℃，使各种原料充分溶解。在搅拌下，将 C 组分加入至 A 组分中，搅拌均匀，冷却至 40℃，再加入 B 组分，搅拌均匀，冷却至室温，即可制得本品。

原料配伍 本品各组分质量份配比范围如下。

A 组分：羊毛脂 4～6，凡士林 8～12，硬脂酸 8～12，蔗糖二月桂酸酯1～3。

B 组分：美白剂 0.15～0.25，人参皂苷 0.1～0.3。

C 组分：三乙醇胺 0.4～0.8，水加至 100。

所述美白剂为 5,7,4′-三羟基黄酮和花青素。优选的美白剂由 60%～80% 的 5,7,4′-三羟基黄酮和 20%～40%的花青素组成。

还可以添加其他原料，如防腐剂、香精、颜料等，其他原料加入基本实现其各自的功能，通常不会影响本品的基本性能。

产品应用 本品是一种人参护肤雪花膏。

产品特性

(1) 人参含多种皂苷和多糖类成分，人参的浸出液可被皮肤缓慢吸收、对皮肤没有任何的不良刺激，能扩张皮肤毛细血管，促进皮肤血液循环，增加皮肤营养，调节皮肤的水油平衡，防止皮肤脱水、硬化、起皱，长期坚持使用含人参的产品，能增强皮肤弹性，使细胞获得新生。同时人参活性物质还具有抑制黑色素的还原性能，使皮肤洁白光滑。它的美容效用数不胜数，是护肤美容的极品。

(2) 本产品具有显著的润泽皮肤作用，特别还具有美白肌肤的效果。

配方 20 乳木果油营养雪花膏

原料配比

原料	配比(质量份)		
	1#	2#	3#
白油	5	5	5
乳木果油	2	2	2
硬脂酸	10	10	10
鲸蜡醇	3	3	3
十二烷基硫酸钠	1	1	1
丙二醇	5	5	5
5,7,4′-三羟基黄酮	0.105	0.15	—
花青素	0.045	—	0.15
水	加至 100	加至 100	加至 100

制备方法 除美白剂外，将其他各种原料加入水中，加热至 80℃，搅拌使其乳化，降温至 40℃，再加入美白剂，继续搅拌均匀，冷却至室温，即可制得本品。

原料配伍 本品各组分质量份配比范围为：白油 4～6，乳木果油 1～3，硬脂酸 8～12，鲸蜡醇 2～4，十二烷基硫酸钠 0.5～1.5，丙二醇 4～6，美白剂 0.15～0.25，水加至 100。

所述美白剂由 5,7,4′-三羟基黄酮（60%～80%）和花青素（20%～40%）组成。

还可以添加其他原料，如防腐剂、香精、颜料等，其他原料加入基本实现其各自的功能，通常不会影响本品的基本性能。

产品应用 本品主要用于防治皮肤干燥，提高皮肤张力，防治皮肤产生皱纹，特别还具有美白肌肤的效果。

产品特性

(1) 乳木果广泛分布于非洲几内亚等地，其果实可供食用，果仁则用来生产乳木果油。乳木果油与人体皮脂分泌油脂的各项指标最为接近，蕴含丰富的非皂化成分，极易被人体吸收，不仅能防止干燥开裂，还能进一步恢复并保持肌肤的自然弹性，具有不可思议的深层滋润功效。同时还能起到消炎作用。

(2) 本产品可以防治皮肤干燥，提高皮肤张力，防治皮肤产生皱纹，特别还具有美白肌肤的效果。

配方 21 沙棘营养雪花膏

原料配比

原料		配比(质量份)		
		1#	2#	3#
A组分	沙棘油	2	2	2
	鲸蜡醇	0.6	0.6	0.6
	硬脂酸	8	8	8
	蔗糖椰子酸酯	4	4	4
	羊毛脂	7	7	7
B组分	5,7,4′-三羟基黄酮	0.105	0.15	—
	花青素	0.045	—	0.15
C组分	丙二醇	5	5	5
	甘油	7	7	7
	水	加至100	加至100	加至100

制备方法 分别将A组分和C组分加热至80℃，使各种原料充分溶解。在搅拌下，将A组分加入至C组分中，搅拌均匀，冷却至40℃，再加入B组分，搅拌均匀，冷却至室温，即可制得本品。

原料配伍 本品各组分质量份配比范围如下。

A组分：沙棘油1～3，鲸蜡醇0.4～0.8，硬脂酸6～10，蔗糖椰子酸酯2～6，羊毛脂4～10。

B组分：美白剂0.15～0.25。

C组分：丙二醇4～6，甘油4～10，水加至100。

所述美白剂为5,7,4′-三羟基黄酮和花青素。优选的美白剂由60%～80%的5,7,4′-三羟基黄酮和20%～40%的花青素组成。

还可以添加其他原料，如防腐剂、香精、颜料等，其他原料加入基本实现其各自的功能，通常不会影响本品的基本性能。

产品应用 本品是一种沙棘营养雪花膏。

产品特性

(1) 沙棘是植物和其果实的统称。植物沙棘为胡颓子科沙棘属，是一种落叶性灌木，其特性是耐旱，抗风沙，可以在盐碱化土地上生存，因此被广泛用于水土保持，国内分布于华北、西北、西南等地。沙棘为药食同源植物。沙棘的根、茎、叶、花、果，特别是沙棘果实含有丰富的营养物质和生物活性物质，可以广泛应用于食品、医药、轻工业、航天、农牧渔业等国民经济的许多领域。

(2) 本产品具有显著的润泽皮肤作用，延缓皮肤衰老，抗过敏，特别还具有美白肌肤的效果。

配方 22 胎盘雪花膏

原料配比

原料		配比(质量份)				
		1#	2#	3#	4#	5#
A组分	去离子水	55	75	60	65	70
	甘油	2	10	3	5	8
	氢氧化钠	0.1	1	0.5	0.3	0.5
	三乙醇胺	0.5	2	1.5	1.3	1
	对羟基苯甲酸乙酯	0.1	0.5	0.1	0.2	0.3
	胆甾醇	0.05	0.2	0.1	0.13	0.15
	尼泊金酯	0.01	0.05	0.03	0.02	0.01
	白油	2	10	4	6	8
B组分	硬脂酸	15	25	16	20	22
	羊毛脂	1	4	3	2	1
	十六醇	0.1	1	0.8	0.5	0.2
	胎盘提取物	1	2	1	2	2
	凡士林	10	15	10	12	14
	斯盘-60	1	4	1	2	3
	吐温-60	1	4	1	2	3
C组分	香精	0.2	0.8	0.3	0.5	0.7

制备方法

(1) 将A组分混合后加热至70～100℃，加热时间为20～40min，使各种成分溶解；

(2) 将B组分加热到70～100℃，加热时间为20～30min，使各种成分溶解；

(3) 在搅拌下将A组分及B组分加到密闭乳化搅拌锅进行乳化，乳化温度为70～90℃，搅拌速度为50～100r/min，乳化时间为1～3h，乳化时，回流水的温度与雪花膏的温度的温差为10～20℃；

(4) 乳化完成后，将步骤(3)得到的膏体搅拌冷却至58～60℃加入C组分，搅拌均匀；

(5) 乳化搅拌锅停止搅拌以后，冷却至30～35℃，用无菌压缩空气将锅内制成的雪花膏由锅底压出装瓶，即得本产品。

原料配伍 本品各组分质量份配比范围如下。

A组分：去离子水55～75，甘油2～10，氢氧化钠0.1～1，三乙醇胺0.5～2，对羟基苯甲酸乙酯0.1～0.5，胆甾醇0.05～0.2，尼泊金酯0.01～0.05，白油2～10。

B组分：硬脂酸15～25，羊毛脂1～4，十六醇0.1～1，胎盘提取物1～2，凡士林10～15，斯盘-60 1～4，吐温-60 1～4。

C组分：香精0.2～0.8。

产品应用 本品是一种适合于各种皮肤类型的人使用的胎盘雪花膏。

产品特性

(1) 本产品的植物油雪花膏使用效果良好，用途多样，适合于各种皮肤类型的人在任何季节使用。

(2) 本品可防止皮肤干燥，提高皮肤张力，防止皮肤产生皱纹，此外，还对皮肤湿疹、粉刺有较好的治疗效果，使皮肤变得柔嫩、光滑。

(3) 本产品的配方里含有胎盘活性物质，具有活化皮肤细胞，促进新陈代谢，抑制皮肤黑色素生成之功效。

(4) 本产品具有保护滋养面肤，抑制分解黑色素，抵御紫外线照射的作用，可增强面部皮肤的抵抗力，促进血液循环，全面调理皮肤营养和水分，保持面部皮肤的弹性，使面部皮肤光泽、白嫩、细腻，减少或去除皱纹及色素沉积，且无毒无刺激作用。

配方 23 天然植物油雪花膏

原料配比

原料	配比(质量份)	原料	配比(质量份)
羊毛脂	5	紫草根汁	3
凡士林	3	十八醇	1
单硬脂酸甘油酯	3	氢氧化钠	0.05
白油	2	吐温-80	0.5
蜂蜡	0.5	斯盘-60	0.05
硬脂酸	0.3	对羟基苯甲酸酯	适量
对羟基苯甲酸甲酯	0.05	三乙醇胺	适量
苹果油	2	香精	适量
枣汁	3	去离子水	加至100

制备方法

(1) 将羊毛脂、凡士林、单硬脂酸甘油酯、白油、蜂蜡、硬脂酸、对羟基苯甲酸甲酯等原料混合后加热至80～100℃，加热时间为20min，使各组分充分溶解；

(2) 将苹果油、枣汁、紫草根汁、十八醇、氢氧化钠、吐温-80、斯盘-60、对羟基苯甲酸酯、三乙醇胺和去离子水等原料混合加热至80～100℃，加热时间为30min，搅拌溶解均匀；

(3) 在搅拌下将步骤(1)和步骤(2)所得的物料加入到密闭乳化搅拌锅进行乳化，乳化温度为70～90℃，乳化时间为1h，搅拌速度为70～100r/min，回流水的温度与雪花膏的温度的温差为10～20℃，乳化完毕后，将所得的膏体搅拌冷却至60℃左右加入香精，搅拌均匀后停止搅拌并冷却至30～35℃，用无菌压缩空气将锅内制成的雪花膏由锅底压出装瓶，即得本产品。

原料配伍 本品各组分质量份配比范围为：羊毛脂 5，凡士林 3，单硬脂酸甘油酯 3，白油 2，蜂蜡 0.5，硬脂酸 0.3，对羟基苯甲酸甲酯 0.05，苹果油 2，枣汁 3，紫草根汁 3，十八醇 1，氢氧化钠 0.05，吐温-80 0.5，斯盘-60 0.05，对羟基苯甲酸酯适量，三乙醇胺适量，香精适量，去离子水加至 100。

产品应用 本品是一种减皱抑分泌，防治皮炎和老年斑的天然植物油雪花膏，具有良好的减皱防斑、保湿嫩肤的效果，适用于任何肌肤。

产品特性 本品各原料产生协调作用，减皱抑分泌，防治皮炎和老年斑；pH 值与人体皮肤的 pH 值接近，对皮肤无刺激性；使用后明显感到舒适、柔软，无油腻感，具有减皱防斑、保湿嫩肤的效果。

配方 24 维生素营养雪花膏

原料配比

原料		配比(质量份)		
		1#	2#	3#
A 组分	羊毛脂	20	20	20
	硬脂酸	4	4	4
	凡士林	12	12	12
	蜂蜡	3	3	3
	蔗糖肉豆蔻酸酯	8	8	8
	茉莉油	0.3	0.3	0.3
B 组分	5,7,4′-三羟基黄酮	0.105	0.15	—
	花青素	0.045	—	0.15
	维生素 C	0.4	0.4	0.4
C 组分	山梨糖醇	3	3	3
	甘油	3	3	3
	水	加至 100	加至 100	加至 100

制备方法 分别将 A 组分和 C 组分加热至 80℃，使各种原料充分溶解。在搅拌下，将 A 组分加入至 C 组分中，搅拌均匀，冷却至 40℃，再加入 B 组分，搅拌均匀，冷却至室温，即可制得本雪花膏。

原料配伍 本品各组分质量份配比范围如下。

A 组分：羊毛脂 16～24，硬脂酸 2～6，凡士林 10～14，蜂蜡 2～4，蔗糖肉豆蔻酸酯 6～10，茉莉油 0.2～0.4。

B 组分：美白剂 0.15～0.25，维生素 C 0.2～0.6。

C 组分：山梨糖醇 2～4，甘油 2～4，水加至 100。

所述美白剂为 5,7,4′-三羟基黄酮和花青素。优选的美白剂由 60%～80% 的 5,7,4′-三羟基黄酮和 20%～40% 的花青素组成。

还可以添加其他原料，如防腐剂、香精、颜料等，其他原料加入基本实现其各自的功能，通常不会影响本品的基本性能。

产品应用　本品是一种维生素营养雪花膏。

产品特性　本产品营养丰富，对提高皮肤张力和抗皱有显著效果，特别还具有美白肌肤的效果。

配方 25　雪花膏

原料配比

原料	配比(质量份)			
	1#	2#	3#	4#
硬脂酸	10	20	15	11～18
十八醇	4	10	7	6～8
硬脂酸丁醇酯	8	18	13	9～18
丙二醇	10	20	15	11～18
卵磷脂	2	4	3	2～3
矿物油	2	8	4	2～4
蒸馏水	55	60	57	56～59
香精	4	6	5	4～5
防腐剂	1	2	1.5	1～2
去离子水	55	75	65	55～60

制备方法

(1) 将硬脂酸、十八醇、硬脂酸丁醇酯、丙二醇、卵磷脂和矿物油放入反应器内混合；

(2) 加入50℃的去离子水混合均匀；

(3) 降温至20℃加入蒸馏水和防腐剂搅拌即可得到成品。

原料配伍　本品各组分质量份配比范围为：硬脂酸10～20，十八醇4～10，硬脂酸丁醇酯8～18，丙二醇10～20，卵磷脂2～4，矿物油2～8，蒸馏水55～60，香精4～6，防腐剂1～2和去离子水55～75。

产品应用　本品是一种雪花膏。

产品特性　该雪花膏在皮肤表面形成一层薄膜，使皮肤与外界干燥空气隔离，能抑制皮肤表面水分的蒸发，保护皮肤不至干燥、开裂或粗糙。

配方 26　薏苡仁雪花膏

原料配比

原料	配比(质量份)	原料	配比(质量份)
去离子水	72.5	角鲨烷	6
硬脂酸	6	叔丁基羟基苯甲醚	0.05
斯盘-60	2	十六醇	4
吐温-60	2	蜂蜡	2.5
丙二醇	3	薏苡仁浸液	1
对羟基苯甲酸甲酯	0.2	香精	0.75

制备方法 将去离子水、硬脂酸、斯盘-60、吐温-60、丙二醇、对羟基苯甲酸甲酯、角鲨烷、叔丁基羟基苯甲醚分别混合，搅拌加热至80℃，然后置于乳化器中进行乳化，乳化完成后，搅拌降温至45℃时加薏苡仁浸液、香精，混合均匀静止24h后分装。

原料配伍 本品各组分质量份配比范围为：去离子水72.5，硬脂酸6，斯盘-60 2，吐温-60 2，丙二醇3，对羟基苯甲酸甲酯0.2，角鲨烷6，叔丁基羟基苯甲醚0.05，十六醇4，蜂蜡2.5，薏苡仁浸液1，香精0.75。

产品应用 本品是一种薏苡仁雪花膏。

产品特性 本产品能够润滑肌肤，使肌肤水嫩柔滑，温和不刺激。

配方27 营养保湿美白雪花膏

原料配比

原料	配比(质量份)	原料	配比(质量份)
蜂蜡	1.2	抗氧化剂	0.2
肉豆蔻酸异丙酯	2.5	香精	0.3
防腐剂	0.5	鲸蜡醇	3
薏苡仁提取物(固体)	0.5	角鲨烷单硬脂酸酯	6
硬脂酸	6	丙二醇	3
聚氧乙烯山梨糖醇酐-硬脂酸酯	3	去离子水	73.8

制备方法 将油相原料投入设有蒸汽夹套的不锈钢加热锅内边混合边加热至90～95℃，维持30min灭菌，加热温度不超过110℃，在另一个不锈钢夹套锅内加入去离子水、防腐剂、抗氧化剂、香精，边搅拌边加热至90～95℃，维持20～30min灭菌。测量油脂加热锅温度至规定温度后，开启加热锅底部放料阀，让油脂经过滤器流入乳化搅拌锅，然后启动水相加热锅，搅拌开启放料阀，使水经过油脂过滤器流入乳化锅内，待乳液冷却至70～80℃时进行温水循环，冷却至30～40℃时进行无菌装瓶，即得。

原料配伍 本品各组分质量份配比范围为：蜂蜡1.2、肉豆蔻酸异丙酯2.5、防腐剂0.5、薏苡仁提取物（固体）0.5、硬脂酸6、聚氧乙烯山梨糖醇酐-硬脂酸酯3、抗氧化剂0.2、香精0.3、鲸蜡醇3、角鲨烷单硬脂酸酯6、丙二醇3、去离子水73.8。

产品应用 本品主要用于保湿滋润，营养美白肌肤的雪花膏，对皮肤具有良好的营养保湿美白功效，适用于任何肌肤。

产品特性 本产品各原料产生协调作用，保湿滋润，营养美白肌肤；pH值与人体皮肤的pH值接近，对皮肤无刺激性；使用后明显感到舒适、柔软，无油腻感，具有明显营养保湿美白效果。

配方 28　营养雪花膏

原料配比

原料		配比(质量份)				
		1#	2#	3#	4#	5#
A组分	蜂蜡	3	8	5	6	7
	羊毛脂	2	5	5	4	3
	二十二烷醇	1	4	2	2	3
	十六醇	2	6	5	4	3
	斯盘-60	1	4	2	3	4
	甘油单硬脂酸酯	2	7	5	4	3
	蓖麻油	1	4	2	3	4
	对羟基苯甲酸丙酯	0.1	1	0.2	0.35	0.5
	白油	10	17	12	15	17
	二甲基硅油	1	5	2	3	4
B组分	软骨素硫酸钠	1	7	6	4	2
	硬脂酸	2	6	5	4	3
	丙三醇	5	10	6	8	10
	去离子水	40	60	45	50	55
	氢氧化钠	0.5	2	1	0.8	0.5
	尼泊金酯	0.01	0.1	0.01	0.03	0.05
C组分	香精	0.1	0.6	0.2	0.4	0.5

制备方法

(1) 将A组分混合后加热至70～100℃，加热时间为20～40min，使各种成分溶解；

(2) 将B组分加热到70～100℃，加热时间为20～30min，使各种成分溶解；

(3) 在搅拌下将A组分及B组分加到密闭乳化搅拌锅进行乳化，乳化温度为70～90℃，搅拌速度为50～100r/min，乳化时间为1～3h，乳化时，回流水的温度与雪花膏的温度的温差为10～20℃；

(4) 乳化完成后，将步骤(3)得到的膏体搅拌冷却至58～60℃加入C组分，搅拌均匀；

(5) 乳化搅拌锅停止搅拌以后，冷却至30～35℃，用无菌压缩空气将锅内制成的雪花膏由锅底压出装瓶，即得本产品。

原料配伍　本品各组分质量份配比范围如下。

A组分：蜂蜡3～8，羊毛脂2～5，二十二烷醇1～4，十六醇2～6，斯盘-60 1～4，甘油单硬脂酸酯2～7，蓖麻油1～4，对羟基苯甲酸丙酯0.1～1，白油10～18，二甲基硅油1～5。

B组分：软骨素硫酸钠1～7，硬脂酸2～6，丙三醇5～10，去离子水40～60，氢氧化钠0.5～2，尼泊金酯0.01～0.1。

C组分：香精0.1～0.6。

产品应用 本品是一种营养雪花膏。

产品特性

(1) 本产品使用效果良好，用途多样，适合于各种皮肤类型的人在任何季节使用。

(2) 本产品柔软光亮，在皮肤上搽用，滑爽而滋润，且芳香持久；可在皮肤表面形成均匀的防水、透气的保护膜，具有滋润皮肤的功效，使皮肤滑爽细腻。

(3) 本产品能在阳光暴晒和紫外线照射下保护皮肤不受侵害，防止皮肤产生皱纹和斑点。

(4) 本产品具有抗静电性，对皮肤有良好的防尘效果。

(5) 本产品含有软骨素硫酸钠等营养成分，可对皮肤提供丰富的营养，对提高皮肤张力和抗皱有显著效果。

(6) 本品对某些皮肤病有很好的疗效。

配方29 油茶籽油消痘雪花膏

原料配比

原料	配比(质量份)	原料	配比(质量份)
油茶籽油	90	吐温-80	7
维胺酯	3	丙三醇	45
米诺环素	2	三乙醇胺	10
维生素E	2	防腐剂	适量
尼泊金乙酯	1	蒸馏水	适量

制备方法

(1) 油茶籽油制备工艺为：山茶籽冷榨所得毛清油经物理脱胶、脱酸、脱臭、脱色、脱脂、精滤而成；

(2) 分别称取适量的维胺酯、米诺环素混合均匀，过100目筛备用；

(3) 称取尼泊金乙酯、三乙醇胺与一定量的蒸馏水混合，加热至80℃搅拌溶解，此为水相；

(4) 称取精茶油、吐温-80混合，加热至80℃搅拌溶解，此为油相；

(5) 将油相缓缓加入水相中，再补充适量蒸馏水，并朝同一方向搅拌制成基质，待基质温度达40℃时，再加入步骤(2)药物细粉、防腐剂和维生素E，继续搅拌直至成膏，分装、储存。

原料配伍 本品各组分质量份配比范围为：油茶籽油90，维胺酯3，米诺环素2，维生素E 2，尼泊金乙酯1，吐温-80 7，丙三醇45，三乙醇胺10，防腐剂适量，蒸馏水适量。

产品应用 本品是一种杀菌消痘、降低皮脂分泌的油茶籽油消痘雪花膏，对皮肤具有良好的消炎祛痘、改善微循环的效果，适用于任何肌肤。

产品特性 本品各原料产生协调作用，杀菌消痘、降低皮脂分泌；pH 值与人体皮肤的 pH 值接近，对皮肤无刺激性；使用后明显感到舒适、柔软，无油腻感，具有明显消炎祛痘、改善微循环的效果。

配方 30 美白雪花膏

原料配比

原料	配比(质量份)	原料	配比(质量份)
硬脂酸	18	乙二酸十六烷酯	10
白油	1	单硬脂酸甘油酯	3
氢氧化钾	0.7	吐温-80	1
丙二醇	7	防腐剂	适量
3-乙酸乙酯基抗坏血酸	1.5	香精	适量
氢化羊毛脂	7	去离子水	加至 100
角鲨烷	34		

制备方法 将各组分原料混合均匀即可。

原料配伍 本品各组分质量份配比范围为：硬脂酸 18，白油 1，氢氧化钾 0.7，丙二醇 7，3-乙酸乙酯基抗坏血酸 1.5，氢化羊毛脂 7，角鲨烷 34，乙二酸十六烷酯 10，单硬脂酸甘油酯 3，吐温-80 1，防腐剂适量，香精适量，去离子水加至 100。

产品应用 本品是一种有美白作用的雪花膏。

产品特性 本产品不仅可以保持皮肤的滋润，更可以起到美白的作用。

配方 31 鱼油雪花膏

原料配比

原料	配比(质量份)	原料	配比(质量份)
去离子水	39	吐温-60	4
山梨醇溶液(70%)	5	斯盘-60	3
CMC-Na	0.4	白油	30
咪唑烷基脲	0.2	氢化鱼油	17
柠檬酸	0.1	香精	1.3

制备方法 将去离子水、山梨醇溶液（70%）、CMC-Na、咪唑烷基脲、柠檬酸置于混合器中搅拌加热至 75℃，然后将所得溶液及吐温-60、斯盘-60、白油、氢化鱼油置于乳化器中进行充分乳化，当温度降至 45℃时加香精，混合均匀静置 24h 后分装。

原料配伍 本品各组分质量份配比范围为：去离子水 39，山梨醇溶液（70%）5，CMC-Na 0.4，咪唑烷基脲 0.2，柠檬酸 0.1，吐温-60 4，斯盘-60 3，白油 30，氢化鱼油 17，香精 1.3。

产品应用 本品是一种鱼油雪花膏。

产品特性 本产品能使皮肤光滑、有弹性，保湿能力强，抑制皮肤衰老。

配方 32 珍珠润肤雪花膏

原料配比

原料	配比(质量份)		
	1#	2#	3#
角鲨烷	5	5	5
纳米珍珠粉(平均粒径 40～80nm)	0.4	0.4	0.4
硬脂酸	13	13	13
蜂蜡	2	2	2
豆蔻酸异丙酯	3	3	3
鲸蜡醇	3	3	3
5,7,4′-三羟基黄酮	0.105	0.15	0
花青素	0.045	0	0.15
水	加至 100	加至 100	加至 100

制备方法 除美白剂和纳米珍珠粉外，将其他各种原料加入水中，加热至80℃，搅拌使其乳化，降温至 40℃，再加入美白剂和珍珠粉，继续搅拌均匀，冷却至室温，即可制得本品。

原料配伍 本品各组分质量份配比范围为：角鲨烷 4～6，纳米珍珠粉0.2～0.6，硬脂酸 10～16，蜂蜡 1～3，豆蔻酸异丙酯 2～4，鲸蜡醇 2～4，美白剂 0.15～0.25，水加至 100。

所述美白剂为 5,7,4′-三羟基黄酮和花青素。优选的美白剂由 60%～80%的 5,7,4′-三羟基黄酮和 20%～40%的花青素组成。

还可以添加其他原料，如防腐剂、香精、颜料等，其他原料加入基本实现其各自的功能，通常不会影响本品的基本性能。

产品应用 本品是一种珍珠润肤雪花膏。

产品特性 本产品可以改善皮肤的营养状况，使粗糙的皮肤变得柔嫩、光亮，特别还具有美白肌肤的效果。

配方 33 植物营养雪花膏

原料配比

原料	配比(质量份)	原料	配比(质量份)
蜂蜡	6	白油	15
单硬脂酸甘油酯	4	硫酸软骨素	3
山嵛醇	1.5	槐花提取物	4
十六醇	4	胶原水解物	3
聚氧乙烯硬化蓖麻油	5	玫瑰油	0.5
三十碳烷	9	水	加至 100

制备方法 将蜂蜡、单硬脂酸甘油酯、山嵛醇、十六醇、聚氧乙烯硬化蓖麻油、三十碳烷和白油一起熔融，制得混合物；将硫酸软骨素、槐花提取物、胶原水解物加入水中并加热，加入之前制得的混合物并搅拌；冷却后加入玫瑰油并搅拌均匀。

原料配伍 本品各组分质量份配比范围为：蜂蜡 6，单硬脂酸甘油酯 4，山嵛醇 1.5，十六醇 4，聚氧乙烯硬化蓖麻油 5，三十碳烷 9，白油 15，硫酸软骨素 3，槐花提取物 4，胶原水解物 3，玫瑰油 0.5，水加至 100。

产品应用 本品是一种植物营养雪花膏。

使用时直接将雪花膏涂抹在皮肤上，轻轻涂抹均匀，让皮肤受到充分的滋润。

产品特性 本产品提供的植物营养雪花膏，具有一定的生物活性及优良的保湿功能，能增强机体免疫力，给予皮肤适度的弹力，使面部皮肤含水适度，可防皱、防晒，使皮肤细嫩光洁，而且有淡淡的玫瑰香。

配方 34 植物油雪花膏

原料配比

原料		配比(质量份)				
		1#	2#	3#	4#	5#
A组分	羊毛脂	20	30	25	27	28
	凡士林	10	15	13	14	15
	单硬脂酸甘油酯	10	15	12	13	14
	白油	8	12	12	11	10
	蜂蜡	1	4	7	6	7
	硬脂酸	1	4	1	2	2
	对羟基苯甲酸甲酯	0.1	0.5	0.3	0.4	0.3
B组分	苹果油	1	5	5	4	3
	枣汁	1	7	4	4	2
	紫草根汁	1	3	2	3	3
	去离子水	45	60	50	55	60
	三乙醇胺	0.1	0.5	0.1	0.2	0.3
	十六醇	1	5	2	3	4
	氢氧化钠	0.2	1	0.6	0.7	0.8
	吐温-60	2	8	5	6	7
	斯盘-60	1	6	4	3	2
	尼泊金酯	0.01	0.08	0.01	0.02	0.03
C组分	香精	0.3	1	0.5	0.7	0.9

制备方法

(1) 将 A 组分混合后加热至 70～100℃，加热时间为 20～40min，使各种成分溶解；

(2) 将 B 组分混合后加热到 70～100℃，加热时间为 20～30min，使各种成分溶解；

（3）在搅拌下将A组分及B组分加到密闭乳化搅拌锅进行乳化，乳化温度为70～90℃，搅拌速度为50～100r/min，乳化时间为1～3h；乳化时，回流水的温度与雪花膏的温度的温差为10～20℃；

（4）乳化完成后，将步骤（3）得到的膏体搅拌冷却至58～60℃，加入C组分，搅拌均匀；

（5）乳化搅拌锅停止搅拌以后，冷却至30～35℃，用无菌压缩空气将锅内制成的雪花膏由锅底压出装瓶，即得本产品。

原料配伍　本品各组分质量份配比范围如下。

A组分：羊毛脂20～30，凡士林10～15，单硬脂酸甘油酯10～15，白油8～12，蜂蜡1～4，硬脂酸1～4，对羟基苯甲酸甲酯0.1～0.5。

B组分：苹果油1～5，枣汁1～7，紫草根汁1～3，去离子水45～60，三乙醇胺0.1～0.5，十六醇1～5，氢氧化钠0.2～1，吐温-60 2～8，斯盘-60 1～6，尼泊金酯0.01～0.08。

C组分：香精0.3～1。

产品应用　本品是适合于各种皮肤类型的一种植物油雪花膏。

产品特性

（1）本产品的植物油雪花膏使用效果良好，用途多样，适合于各种皮肤类型的人在任何季节使用。

（2）本产品的植物油雪花膏可以使毛细管扩张，促进血液循环，对粉刺、皮炎、老年斑等都有极好的疗效，抑制皮脂分泌，减少皮肤皱纹。

第五章 护手足霜(乳)

Chapter 05

第一节 护手足霜（乳）配方设计原则

一、护手足霜(乳)的特点

从美容的角度考虑，皮肤护理的重点毫无疑问是面部皮肤。但从修复受损害皮肤的角度来考虑，最需要关注的应该是人的手。在生活和劳动的过程中，手要和自然界中的各种物质相接触，包括每天与洗涤剂相接触和使用各种工具，所以手上的皮肤最易受到损伤，特别是在严寒的季节，为了做事情手不得不暴露在外面，皮肤往往会变得粗糙、干燥和开裂，甚至冻伤。为了防止这些缺陷的发生，应该每天都使用滋润性、保护性特别强的膏霜和乳液来加以保护，这类膏霜和乳液称为护手霜和乳液。护手霜和乳液的主要功能是在表皮上形成一层细密的油性保护膜，降低水分蒸发的速度，保持皮肤水分，舒缓干燥皮肤的症状。此外护手霜和乳液可以补充手部因经常接触洗涤剂所损失的油脂，使其恢复柔软润滑。护手霜和乳液中加入营养物质，还可以修复受伤害的皮肤。护手霜和乳液中的杀菌剂可以有效杀灭各种细菌和病毒，保护人的身体健康。

护手霜和乳液产品的基本标准应该是：涂敷在手上感到柔软、润滑而不油腻，不影响正常手汗的挥发；稠度适中，便于从瓶中倒出，方便使用；稳定性好，长时间储存及气温变化时膏体或乳液不受影响；有杀菌消毒作用，具有舒适的气味。

二、护手足霜(乳)的分类及配方设计

护手霜和乳液一般都是O/W型乳化体，用各种油脂与水相物质混合，经机械搅拌和乳化剂的作用乳化而成。产品中油相的含量变化幅度较大，根据使用的气候和地域的不同，护手霜的油相比例为10%～40%，而乳液的油相比例在10%～20%。

护手霜和乳液所使用的乳化剂与润肤霜没有什么大的区别，由于营养物质

比营养霜要少，选择表面活性剂时的顾忌要少得多，基本上各种离子类型的表面活性剂都可以使用，阳离子表面活性剂只要搭配合理也可使用。但在选用乳化剂的时候还是有一些问题要考虑的。护手霜和乳液通常的销售价格比润肤霜、营养霜便宜，从控制成本考虑应该多使用阴离子表面活性剂。

护手霜的油性成分与保湿成分与润肤霜基本一致，主要使用矿物油（白矿油、凡士林等）、动植物油脂（羊毛脂、杏仁油、橄榄油、鲸蜡、蜂蜡等）和合成脂肪酸酯（棕榈酸异丙酯、豆蔻酸异丙酯等）。保湿成分主要是多元醇（甘油、丙二醇、山梨醇等）。与普通润肤霜不同的是在护手霜和乳液中专门加入了伤口愈合剂。愈合剂的作用是促进健康肉芽组织的生长，使手部粗糙开裂的表皮较快地愈合。效果比较好的愈合剂有以下两种。

① 尿素　尿素是一种性价比较高的皮肤愈合剂，非常适合用于护手霜产品。用尿素制作的膏霜和乳液对轻度湿疹和皮肤开裂有效。尿素没有毒性，能够对抗皮肤感染，与护手霜的其他各种成分相容性良好，是护手霜的有用成分。尿素在配方中的用量为3%～5%。尿素的缺陷是分子结构里含有氮元素，容易被空气氧化，制成的膏霜储存时间长了会变色。

② 尿囊素　尿囊素是尿酸的衍生物，对皮肤的愈合作用十分明显，能促使组织产生天然的清创作用，清除坏死物质；可以明显促进细胞增殖，迅速使肉芽组织成长，缩短愈合时间；敷用尿囊素后可以减轻手部伤口的疼痛。尿囊素在护手霜中只需要很低浓度就起作用，在产品中加入0.01%～0.3%尿囊素可增强愈合效果，并有一定的消炎作用。尿囊素自身的稳定性良好，可制成溶液、乳化体或油膏形式，单独或和其他药剂配合使用。

手部整天接触各种物体，最容易感染细菌和病毒，故在护手霜和乳液中一定要添加杀菌剂，发挥除菌功能，切断疾病传播的途径，保护人的身体健康。可以选择使用的杀菌剂有季铵盐（例如十二烷基三甲基氯化铵、新洁尔灭等）、有机氯化合物（例如二甲基对氯苯酚）和酚类化合物等。某些防腐剂也有良好的杀菌作用，可以当杀菌剂使用，例如汽巴公司的DP-300。但是一些在消毒水里效果卓著的消毒剂，例如次氯酸钠、二氯异氰尿酸钠、二氧化氯、过氧乙酸等，并不适用于护手霜和乳液，原因在于它们都不稳定，在存放期内有效成分因分解而迅速减少，失去杀菌功效，而且还会氧化配方中的其他成分。

第二节　护手足霜（乳）配方实例

配方1　防病毒护手霜

原料配比

原料	配比(质量份)	原料	配比(质量份)
中药双花	1	黄柏	1
连翘	1	凡士林	200
黄连	1		

制备方法 将等量的中药双花、连翘、黄连、黄柏经粉碎、过筛，再与凡士林混合后，即可制成防病毒护手霜。

原料配伍 本品各组分质量份配比范围为：中药双花1，连翘1，黄连1，黄柏1，凡士林200。

产品应用 本品是一种防病毒护手霜。

产品特性 本品具有抑制乙肝病毒的作用，对病毒性感冒、痢疾、肺炎、白喉有治疗作用，对脑膜炎球菌有较强的杀灭作用。

配方2 防冻防裂护手霜

原料配比

原料	配比(质量份)		
	1#	2#	3#
十六十八烷基糖苷	2	2	1
肉豆蔻酸异丙酯	1.5	1.5	1.5
鲸蜡硬脂基硫酸钠	0.3	0.3	0.2
聚大豆蔗糖酯	1	1	1
乳木果油	5	4	4.5
霍霍巴油	3	3	3
辛酸/癸酸甘油三酯	3	5	6
聚二甲基硅氧烷	3	8	7
卵磷脂	0.3	0.6	0.2
维生素 B_3	2.5	2	1
海藻糖	5	4	5
变性玉米淀粉	2	2	3
甘油	5	3	5
尿囊素	0.2	0.45	0.3
卡波姆	0.2	0.2	0.3
尼泊金甲酯	0.2	0.2	0.2
去离子水	55.95	55.3	55.9
三乙醇胺	0.2	0.2	0.2
β-葡聚糖	1	0.55	1
柑橘皮提取物	5	6	3
苯氧乙醇	0.5	0.5	0.5
香精	0.15	0.2	0.2

制备方法

(1) 将十六十八烷基糖苷、肉豆蔻酸异丙酯、鲸蜡硬脂基硫酸钠、聚大豆蔗糖酯、乳木果油、霍霍巴油、辛酸/癸酸甘油三酯、聚二甲基硅氧烷和卵磷脂混合加热至78～80℃作为A相；

(2) 将维生素 B_3、海藻糖、变性玉米淀粉、甘油、尿囊素、卡波姆、尼泊金甲酯和去离子水混合加热至78～80℃作为B相；

(3) 将A相加入B相中，并均质2min；

（4）搅拌降温到60℃，加入三乙醇胺；

（5）降温搅拌至48℃，分别加入β-葡聚糖、柑橘皮提取物、苯氧乙醇和香精；

（6）搅拌降温至32℃，停止搅拌，即制得本品。

原料配伍 本品各组分质量份配比范围为：十六十八烷基糖苷1～3，肉豆蔻酸异丙酯1～3，鲸蜡硬脂基硫酸钠0.2～0.8，聚大豆蔗糖酯1～3，乳木果油2～7，霍霍巴油2～4，辛酸/癸酸甘油三酯2～6，聚二甲基硅氧烷3～10，卵磷脂0.2～1，维生素B_3 1～4，海藻糖4～6，变性玉米淀粉2～6，甘油2～6，尿囊素0.1～0.5，卡波姆0.1～0.3，尼泊金甲酯0.1～0.2，去离子水29.45～74.65，三乙醇胺0.1～0.25，β-葡聚糖0.2～1.5，柑橘皮提取物2～7，苯氧乙醇0.3～0.7，香精0.05～0.3。

所述的海藻糖是由两个葡萄糖分子以α,α,1,1-糖苷键构成的非还原性糖，能使皮肤细胞呈纤维细胞状免遭脱水伤害，因为它能取代组织中的水，帮助皮肤保持天然的结构，减少了干燥、炎热或严寒造成的伤害。

所述的β-葡聚糖是一种高纯度的β-1,6-支链和β-1，3-葡聚糖，所具有的特殊支链和统一的结构大大增强了皮肤的免疫力，减少了皮肤发炎和红斑的发生，提高细胞对抗外界刺激的能力，增强皮肤的耐受力。

所述的维生素B_3又称烟酰胺，对皮肤具有良好的渗透性，可增加皮肤的角蛋白合成，并刺激其他两种表皮蛋白质——套蛋白和丝聚蛋白的合成，从而显著提高皮肤屏障层蛋白质含量，提高皮肤抵御外界恶劣环境的能力。

所述的乳木果油与人体皮脂分泌油脂的各项指标最为接近，蕴含丰富的非皂化成分，极易被人体吸收，不仅能防止干燥开裂，还能进一步恢复并保持肌肤的自然弹性，具有不可思议的深层滋润功效。

所述的柑橘皮提取物含有天然生物类黄酮“橙皮苷”，通过促进皮肤血液循环，而使皮肤有温暖感觉，帮助皮肤克服疲劳和寒冷造成的冻裂。

本品的十六十八烷基糖苷用作液晶乳化剂，肉豆蔻酸异丙酯用作增稠剂，鲸蜡硬脂基硫酸钠助用作乳化剂，聚大豆蔗糖酯用作保湿性助乳化剂，乳木果油用作赋脂剂，可防冻防裂，霍霍巴油用作赋脂剂，可软化皮肤，辛酸/癸酸甘油三酯用作皮肤柔软剂，聚二甲基硅氧烷用作干爽的保湿型油脂，卵磷脂、维生素B_3、尿囊素、β-葡聚糖和柑橘皮提取物用作营养剂，甘油和海藻糖用作保湿剂，变性玉米淀粉用作增稠保湿剂，卡波姆用作增稠剂，尼泊金甲酯和苯氧乙醇用作防腐剂，三乙醇胺用作中和剂。

产品应用 本品主要用于滋润双手。

产品特性 本制剂主要使用乳木果油、柑橘皮提取物、维生素B_3、β-葡聚糖、海藻糖5种有活性的成分，这些原材料都是从天然植物提取而来，以一定的比例复配，因此，能使手部皮肤呈纤维细胞免遭脱水伤害，帮助皮肤保持天然的结构，减少了干燥、炎热或严寒造成的伤害，增强了皮肤的免疫力，减少皮肤发炎和红斑的发生，提高细胞对抗外界刺激的能力，增强皮肤的耐受力；同时还能进一步恢复并保持肌肤的自然弹性，具有深层滋润功效。

配方 3　防治干裂的护脚膏

原料配比

原料	配比	原料	配比
甘油	15mL	白及	5g
棕榈油	10mL	透明质酸	25mL
蜂蜜	10mL	骨胶原	5g
山药	8g	去离子水	加至 100mL

制备方法　将各组分加入去离子水中，混合调配而成。

原料配伍　本品各组分配比范围为：甘油 10～15mL，棕榈油 5～10mL，蜂蜜 10～15mL，山药 5～8g，白及 3～5g，透明质酸 20～25mL，骨胶原 5～10g，去离子水加至 100mL。

产品应用　本品是一种防治干裂的护脚膏。

产品特性　本品是一种以纯天然原料制备的脚护产品，对人们脚部皲裂、干燥等顽疾有较好的治愈功效，其组成成分中的透明质酸具有很好的润滑性，可以保持皮肤水分，防止皮肤干裂和皱纹的产生，蜂蜜能使皮肤光洁细腻，山药中富含多种维生素及氨基酸等，起到滋润皮肤，补充表皮细胞水分的作用，骨胶原是一种很好的治愈型胶原蛋白质，具有极好的治愈伤口、裂口等的功效，白及可以起到促进血液循环，增强抵抗力的作用。

配方 4　肺舒中药足浴膏

原料配比

原料	配比(质量份)		
	1#	2#	3#
参须	80	90	100
丹参	80	90	100
棉花根	80	90	100
蛇床子	80	90	100
骨草	80	90	100
干姜	80	90	100
韭白	80	90	100
肉桂	80	90	100
麻黄	70	60	30
川芎	70	60	30
细辛	70	60	30
鲜腥草	150	100	110

续表

原料	配比(质量份)		
	1#	2#	3#
丙三胺	适量	适量	适量
氮酮	适量	适量	适量
95%乙醇	适量	适量	适量
去离子水	适量	适量	适量

制备方法

将各组分经粉碎加水煎煮三次，合并三次所得滤液再浓缩成黏状，再加入0.1倍量的95%乙醇，将其搅匀后静置24h，经过滤，减压脱去并回收乙醇，再加入1倍量的去离子水搅匀，置于5℃以下静放24h，再过滤，得流浸膏，再加入适量丙三胺和氮酮搅匀后分装即成。

原料配伍 本品各组分质量份配比范围为：参须80～100，丹参80～100，棉花根80～100，蛇床子80～100，骨草80～100，干姜80～100，韭白80～100，肉桂80～100，麻黄30～70，川芎30～70，细辛30～70，鲜腥草100～150，丙三胺适量，95%乙醇适量，氮酮适量，去离子水适量。

产品应用 本品是一种肺舒中药足浴膏。

产品特性 本品利用中药足浴防治气管炎、支气管哮喘及肺气肿等疾病，无副作用，安全可靠，简单易行。

配方5 含鸡蛋壳膜水解液和杜香水馏物的护手霜

原料配比

原料		配比
鸡蛋壳膜水解液	鸡蛋壳膜	5g
	蒸馏水	100mL
	氢氧化钠溶液	2g
杜香水馏物	干燥杜香叶	5g
	蒸馏水	250mL
护手霜	杜香水馏物	1mL
	鸡蛋壳膜水解液	1mL
	霜剂基质	30g

制备方法

(1) 鸡蛋壳膜水解液的制备：取鸡蛋壳膜5g，放入盛有蒸馏水100mL的烧杯中，混匀，把盛装鸡蛋壳膜的烧杯置于电炉上加热煮沸0.5～1.5h，取出冷却至室温，向烧杯中加入2.0mol/L的氢氧化钠溶液，调节pH值为11～13，在此条件下水解7～10h，鸡蛋壳膜水解变为透明的黄色黏性液体后，调节pH值为7，浓缩至水解液浓度为15%。

(2) 杜香水馏物的制备：将蒸馏瓶、冷凝管、接液管、锥形瓶组装成蒸馏装置，称取干燥的杜香叶 5g，剪碎，放入圆底烧瓶中，加入 250mL 蒸馏水，加热至沸腾，小火，保持 1.5～3.0h，收集杜香蒸馏出的水馏物。

(3) 取杜香水馏物 1mL、鸡蛋壳膜水解液 1mL，加入霜剂基质 30g 制成护手霜。

原料配伍 本品各组分配比范围为：鸡蛋壳膜水解液 1～5mL，杜香水馏物 1～5mL，霜剂基质 30～40g。

产品应用 本品是一种含鸡蛋壳膜水解液和杜香水馏物的护手霜。

产品特性 本品以鸡蛋壳膜水解液和杜香水馏物为活性成分，富含角蛋白、熊果酸、齐墩果酸等活性物质，适当配以霜剂基质，具有护肤、抑菌、抗辐射、增加皮肤弹性的作用，且储存稳定，香味持久，产品耐热耐寒性能及格，室温放置两个月，产品性状和香味依然稳定。

配方 6 护手霜

原料配比

原料	配比(质量份)		原料	配比(质量份)	
	1#	2#		1#	2#
生姜汁	7	5	鲸蜡	12	6
荞麦叶提取液	5	6	弹力蛋白	10	15
小麦胚芽油	15	20	神经酰胺	5	8
天然果酸	12	10	氨基酸	7	10
乳木果油	13	6	蜂蜜	9	6
尿素	5	8			

制备方法

(1) 先将荞麦叶清洗干净，切碎，加入 5～7 倍的水，煎煮 2～3h，煎煮 2 次，合并滤液，适当地进行浓缩，得到荞麦叶提取液；

(2) 再将小麦胚芽油、乳木果油混合加热至 75～85℃，与荞麦叶提取液混合均匀，温度保持在 80℃左右，依次加入生姜汁、尿素、鲸蜡、弹力蛋白、神经酰胺和氨基酸，充分搅拌均匀，冷却至 30～35℃时，加入天然果酸和蜂蜜，搅拌后进行均质、常温冷却、灭菌，按规格包装即可。

原料配伍 本品各组分质量份配比范围为：生姜汁 5～10、荞麦叶提取液 1～6、小麦胚芽油 10～20、天然果酸 10～16、乳木果油 3～15、尿素 3～8、鲸蜡 6～18、弹力蛋白 6～17、神经酰胺 2～8、氨基酸 4～10、蜂蜜 6～10。

所述护手霜中的天然果酸可以是葡萄、苹果或柑橘类中的任一种。

产品应用 本品是一种护手霜。

产品特性 本品集滋润、美白、防皱、防晒于一体，可有效促进血液循环，促进皮肤新陈代谢，激发细胞活力，保护皮肤免受严酷的气候及紫外线伤害，滋润、营养肌肤，舒缓刺激，防止皱纹产生，延缓衰老，使手部肌肤细嫩光滑，有弹性。

配方 7 环保型润指膏

原料配比

原料	配比(质量份)	原料	配比(质量份)
去离子水	45	中药植物精华	4
甘油	22	芦荟香精	1.5
硬脂酸钠	15	颜料	0.5

制备方法

(1) 在常温反应釜 20～30℃的状态下，加入去离子水，加入甘油，打开搅拌机，保持中等转速 60～80r/min，升温至 60～80℃，搅拌 0.4～0.6h；

(2) 加入硬脂酸钠，继续搅拌，保持中等转速 60～80r/min，升温至 75～95℃，搅拌 0.8～1.2h；

(3) 再加入中药植物精华、芦荟香精、颜料、搅拌 0.8～1.2h 后，静止脱泡 2.5～3.5h。

原料配伍 本品各组分质量份配比范围为：去离子水 40～50，甘油 20～25，硬脂酸钠 10～20，中药植物精华 3～5，芦荟香精 1～2，颜料 0.3～0.7。

产品应用 本品是一种环保型润指膏。

产品特性 本品的生产工艺环保，润指膏晶莹剔透，滑爽不掉渣，可以有多种颜色、保湿型号，手指蘸在膏上，容易数钞票等纸币，不仅对手指外表皮肤有清洁杀菌的作用，而且对手指外表有护肤作用，不会长裂缝生冻疮。

配方 8 抗菌消毒护手霜

原料配比

原料	配比(质量份)	原料	配比(质量份)
黄芩提取物	0.2	鲸蜡醇	7
连翘提取物	0.2	硬脂酸单甘油酯	6
艾叶提取物	0.1	丙三醇	22
黄连提取物	0.1	液体石蜡	8
凡士林	10	山梨酸钠	0.1
十八醇	15	去离子水	34.3
聚乙二醇-400	7		

制备方法 将黄芩提取物、连翘提取物、艾叶提取物、黄连提取与聚乙二醇-400（PEG-400）充分混合再与剩余组分合并，进行匀质乳化，搅拌均匀得到成品。

原料配伍 本品各组分质量份配比范围为：黄芩提取物 0.1～10，连翘提取物 0.1～10，艾叶提取物 0.1～10，黄连提取物 0.1～10，凡士林 10～20，十八醇

5～15，聚乙二醇-400（PEG-400）5～10，鲸蜡醇 5～10，硬脂酸单甘油酯 5～10，丙三醇 10～25，液体石蜡 5～10，山梨酸钠 0.1～0.2，去离子水 30～50。

产品应用 本品是一种抗菌消毒护手霜。

产品特性 本品在护手的同时可以杀菌，彻底阻断细菌传播。

配方 9 软足霜

原料配比

原料	配比(质量份)	原料	配比(质量份)
十八醇	5	棕榈酸异辛酯	5
十六醇	3	角鲨烷	5
三压硬脂酸	2.5	薰衣草油	8
白油	6	冬青油	4
硬脂酸山梨醇酯	6	海藻酸钠	2
丙三醇	7	水杨酸钠	0.1
三乙醇胺	1.5		

制备方法

(1) 将白油、硬脂酸山梨醇酯、角鲨烷、海藻酸钠、丙三醇、三乙醇胺、棕榈酸异辛酯、水杨酸钠加入水相锅中，加温至 75℃；

(2) 将十八醇、十六醇、三压硬脂酸、薰衣草油、水杨酸钠加入油相锅中，加温至 75℃；

(3) 然后将水相锅的混合物和油相锅的混合物相容，加热至 80℃并搅拌，过滤乳化，继续搅拌加热至 100℃，均质乳化；

(4) 加入原料薰衣草油、冬青油，慢速搅拌，保温、降温；

(5) 将产品放料、储存，再进行半成品检验，包装物消毒，装罐，最后成品检验入库。

原料配伍 本品各组分质量份配比范围为：十八醇 4～6，十六醇 2～4，三压硬脂酸 2～3，白油 6～8，硬脂酸山梨醇酯 5～6，丙三醇 5～8，三乙醇胺 1.5～3，棕榈酸异辛酯 3～6，角鲨烷 3～6，薰衣草油 6～10，冬青油 4～6，海藻酸钠 1～2，水杨酸钠 0.08～0.1。

所述的十八醇、十六醇、三压硬脂酸、白油的作用是形成营养膏体。

所述的硬脂酸山梨醇酯、丙三醇具有保湿作用。

所述的三乙醇胺是一种乳化剂。

所述的棕榈酸异辛酯是一种营养渗透剂。

所述的角鲨烷、薰衣草油、冬青油为软化剂。

所述的海藻酸钠起乳化、增稠作用。

所述的水杨酸钠起防腐作用。

产品应用 本品是一种软化足部皮肤及肌肉组织的软足霜。

产品特性 本品具有极其优良的软化足跟、足部皮肤，抑制脚及其他部位形成厚、硬皮肤，增强其弹性的功效；具有极好的防止皲裂、干裂作用，以及去皮肤坏死组织及鳞屑作用。本品还有助于皮肤舒缓、修复作用，迅速在皮肤表面形成保护膜，保持滋润，令肌肤及时补充全面营养和水分。

配方 10 缫丝护手膏

原料配比

原料	配比(质量份)	原料	配比(质量份)
地榆	10	凡士林	8
鳢肠草	15	尼泊金乙酯	1
千里光	10	甘油	10
黄柏	8	三乙醇胺	1
硫酸铝钾	7	去离子水	8
硬脂酸	15	香精	适量
单硬脂酸甘油酯	6		

制备方法 把中草药地榆、鳢肠草、千里光、黄柏按配方称量，经清洗、浸泡、煎煮后，提取成浸膏，再把硬脂酸、单硬脂酸甘油酯、凡士林、尼泊金乙酯，甘油按配方混合，加热至80℃，在保温和搅拌条件下，将浸膏和三乙醇胺、硫酸铝钾、去离子水和适量香精加入其中，搅拌，冷却后即可。

原料配伍 本品各组分质量份配比范围为：地榆 5～13，鳢肠草 10～15，千里光 5～13，黄柏 7～12，硫酸铝钾 5～13，硬脂酸 10～20，单硬脂酸甘油酯 5～10，凡士林 5～10，尼泊金乙酯 0.5～3，甘油 7～15，三乙醇胺 0.5～3，去离子水 5～10，香精适量。

产品应用 本品是一种缫丝用护手膏。

产品特性 本品可有效地防治缫丝行业缫丝烂手常见病变现象，本品既可以抗菌消炎，促进伤口愈合，又可以滋润皮肤。

配方 11 蛇油护手霜

原料配比

原料	配比(质量份)		原料	配比(质量份)	
	1#	2#		1#	2#
蛇油精华	3	2	尿囊素	5	4
水	15	10	月桂醇硫酸酯钠	5	3
矿油	5	3	丙二醇	3	2
鲸蜡硬脂醇	3	2	香精	2	1
棕榈酸异丙酯	1	2	苯氧乙醇	3	1
甘油硬脂酸酯	5	7	聚二甲基硅氧烷	2	4

制备方法 将各组分混合调配均匀即可。

原料配伍 本品各组分质量份配比范围为：蛇油精华 2～3，水 10～15，矿油 3～5，鲸蜡硬脂醇 2～3，棕榈酸异丙醇 1～2，甘油硬脂酸酯 5～7，尿囊素 4～5，月桂醇硫酸酯钠 3～5，丙二醇 2～3，香精 1～2，苯氧乙醇 1～3，聚二甲基硅氧烷 2～4。

产品应用 本品是一种蛇油护手霜。

产品特性 本品对手部皮肤粗糙和皲裂有明显的改善效果，并且价格低廉，适用于各类皮肤。

配方 12 生姜暖手霜

原料配比

原料	配比(质量份)	原料	配比(质量份)
生姜	35	洋甘菊水	7
益母草提取物	10	银杏	3
珍珠超细粉	8	护手霜辅料	10
海藻粉	15		

制备方法

(1) 选取生姜 35 份、益母草提取物 10 份、珍珠超细粉 8 份、海藻粉 15 份、洋甘菊水 7 份、银杏 3 份、护手霜辅料 10 份；

(2) 将生姜捣碎，采用微波照射，蒸馏法提取生姜提取液，待用；

(3) 将益母草捣碎，去渣、过滤、提纯，制成益母草提取液待用；

(4) 海藻粉中加入洋甘菊水，均匀混合，搅拌 5～10min；

(5) 将银杏粉碎，制成超细粉末状；

(6) 将生姜提取液、益母草提取液、海藻粉和洋甘菊水混合物、银杏粉末、护手霜辅料充分混合，搅拌 10～30min；

(7) 将其装入容器中，全封闭，进行加热，保持 20～30℃，15～20min 后，冷却、静置 24h，开盖，即得成品。

原料配伍 本品各组分质量份配比范围为：生姜 25～40，益母草提取物 10～15，珍珠超细粉 5～15，海藻粉 10～20，洋甘菊水 3～10，银杏 2～5，护手霜辅料 5～15。

产品应用 本品是一种生姜暖手霜。

产品特性 本品充分发挥生姜驱寒的药物功效，对手凉的人群起到极好的暖手作用，兼具杀菌、解毒、暖手、滋养、防止皲裂、驱寒等功效，同时由于以生姜为主要原料，对手部的小伤口具有消炎、缓解、抑制细菌等药物作用，是一种理想的护手产品。

配方 13　手用抗皱软膏

原料配比

原料	配比(质量份)	原料	配比(质量份)
白油	355	水	适量
月桂酸二甘醇酯	237	水基香料	适量
樟脑油	15		

制备方法　首先按配方要求将白油、月桂酸二甘醇酯和樟脑油混合搅拌，使之互溶，然后缓慢加进水，混合搅拌至所需稠度，再加入适量水基香料，混合搅拌即成成品。

原料配伍　本品各组分质量份配比范围为：白油 355，月桂酸二甘醇酯 237，樟脑油 15，水适量，水基香料适量。

产品应用　本品是一种用于防治皮肤产生皱纹和粗糙的手用抗皱软膏。

产品特性　本品不仅对手部皮肤具有普通护理作用，而且具有防治手部皮肤产生皱纹和粗糙的作用。

配方 14　手足按摩膏

原料配比

原料	配比(质量份)	原料	配比(质量份)
蒲公英	60	地肤子	50
紫花地丁	50	白芷	40
制乳香	30	苍耳子	50
制没药	30	甘草	40
藏红花	25	绿豆粉	90
延胡索	30	冰片	40
寒水石	30	凡士林	300
天花粉	80		

制备方法　将蒲公英、紫花地丁、制乳香、制没药、藏红花、延胡索、寒水石、天花粉、地肤子、白芷、苍耳子、甘草等原料煎成汁过滤去渣后，再加入绿豆粉、冰片、凡士林混合制成药膏。

原料配伍　本品各组分质量份配比范围为：蒲公英 20～100，紫花地丁 20～80，制乳香 10～50，制没药 10～50，藏红花 10～40，延胡索 20～40，寒水石 15～45，天花粉 60～100，地肤子 10～80，白芷 10～60，苍耳子 30～80，甘草 10～60，绿豆粉 90，冰片 40，凡士林 300。

产品应用　本品是一种足疗按摩膏。

产品特性　本品将物理疗法与药物疗法相结合，在进行足部按摩时用药膏取代一般润滑剂，通过手的按摩力和热的作用，使药物很快能渗透足部肌肤作用于患处，提高药物效果，同时能更有效地刺激足部各穴位，促进全身血液循环，达到足部疾患治疗和利用足部穴位的按摩刺激对人体其他疾病进行辅助治疗以及进行保健、养生的目的。

配方 15　手足适霜

原料配比

原料	配比(质量份)		
	1#	2#	3#
凡士林	4	9	7
十八醇	10	7	8
丙三醇	7	12	10
液体石蜡	9	6	7
十二醇硫酸钠	0.25	0.3	0.35
蒸馏水	69	65	67
低分子肝素钠溶液	0.73	0.68	0.63
防腐剂	0.01	0.02	0.02
香精	0.01	—	—

制备方法

(1) 取低分子肝素钠、硫酸皮肤素、透明质酸，依肝素钠效价指标测得在20～30U/mg，用蒸馏水溶解得到低分子肝素钠溶液；

(2) 取凡士林、十八醇、丙三醇、液体石蜡加热至110～120℃，高温消毒20～30min，搅拌冷至70～80℃得到油相；

(3) 取十二醇硫酸钠和蒸馏水加热至80～90℃，搅拌冷至70～75℃，得到水相；

(4) 将水相在搅拌中加入油相，乳化至50～60℃，加入低分子肝素钠溶液，并加入防腐剂搅拌10～20min，用100～200目涤纶布过滤、冷却、灌装即得产品。

原料配伍　本品各组分质量份配比范围为：低分子肝素钠溶液0.57～0.85，凡士林4～9，十八醇5～10，丙三醇7～12，液体石蜡4～9，十二醇硫酸钠0.25～0.35，蒸馏水60～70，防腐剂0.01～0.02，香精0.01。

所述的低分子肝素钠溶液由低分子肝素钠、硫酸皮肤素、透明质酸组成，其中肝素钠效价指标测得在20～30U/mg。

所述的低分子肝素钠是一种抗凝活血药物，这是肝素钠机构抗凝血酶所起到的作用，由于低分子肝素钠对皮肤表层吸收性较好，用药短时间内就可以渗透到皮层内，并可促使皮层内微小血管的血液循环，以带动皮层中角朊细胞和基底细胞的分裂代谢作用。硫酸皮肤素、透明质酸有着对皮层基质补充渗透调节作用，有愈合皮肤创伤的作用，此外尚含电解质、蛋白质及水分的充填，因此皮肤的基质是一种充填物质，真皮的各种纤维、细胞成分及其他皮肤内含组织均分布其中。基质为亲水性，是各种水溶性物质及电解质等代谢物质的交换场所。幼年时基质充分，至老年则较少。

产品应用 本品主要对手足部位多种因素所引的皮肤皲裂、早期冻疮、粗糙以及对中老年人手足皮肤弹性的减弱都具有明显的治疗作用，还可以对露天作业者手足部进行防护。

产品特性 本品是对肝素钠生产筛选出的数种副产品的再利用，并且制造工艺简单、成本较低。

配方 16 香腋洁足霜

原料配比

原料	配比(质量份)		
	1#	2#	3#
蛇床子提取物	10	15	20
鹤虱子提取物	10	5	15
硬脂酸	18	6	8
单硬脂酸甘油酯	1	13	7
医用白凡士林	4	6	4
医用甘油	4	3	16
医用硼酸	0.1	4	1
液体石蜡	2	13	1
吐温-80	1	2	10
斯盘-40	4	1	3
医用水杨酸	0.1	5	2
乌洛托品	0.1	6	5
蒸馏水	加至100	加至100	加至100

制备方法

(1) 将蛇床子提取物、鹤虱子提取物、硬脂酸、单硬脂酸甘油酯、医用白凡士林、医用甘油、医用硼酸、液体石蜡、吐温-80、斯盘-40、医用水杨酸、乌洛托品、蒸馏水按水相、油相分别加热至94～96℃；

(2) 然后待其冷却至78～85℃时，经滤布过滤，将油水相混合，强烈搅拌9～12min后，均匀搅拌至室温，静置22～26h后，用无菌包装盒分装，即可得到水包油型（O/W）的香腋洁足霜产品。

原料配伍 本品各组分质量份配比范围为：蛇床子提取物2～20，鹤虱子提取物2～16，硬脂酸6～18，单硬脂酸甘油酯1～16，医用白凡士林5～18，医用甘油2～16，医用硼酸0.1～6，液体石蜡1～16，吐温-80 1～16，斯盘-40 1～8，医用水杨酸0.1～6，乌洛托品0.1～18，蒸馏水加至100。

产品应用 本品能治疗多种皮肤疾病，尤其是对狐臭和脚气有显著的治疗效果，对皮肤痒、蚊虫叮咬等也有很好的疗效。

产品特性 本品以中草药为主，辅以部分化学药物及护肤润肤物质作原料，提供了一种疗效确切，无毒副作用，适用范围广，使用方便，操作简单，价格低廉的药物化妆品。

配方 17 野外防护油膏

原料配比

原料	配比(质量份)	原料	配比(质量份)
矿物油	30～35	氧化钛	1～6
氢化蓖麻油	8～12	纳米氧化锌	1～6
地蜡	12～17	避蚊胺	5～10
羊毛脂	4～8	香精	适量
二甲基硅油	2～6	防腐剂	适量
滑石粉	3～7	抗氧化剂	适量

制备方法

(1) 备料；

(2) 先将矿物油、二甲基硅油加入油相罐内，在不断搅拌下将氢化蓖麻油、地蜡和羊毛脂分别加入其中，加热油相罐，控制溶解温度为 80℃以上，加热至油相完全溶解；

(3) 过滤溶解油相，转入真空乳化罐，控制温度为 80℃以上，搅拌 5min，缓慢加入滑石粉、氧化钛和纳米氧化锌，高速搅拌使其均匀混合；

(4) 缓慢降温过程中，加入剩余原料，高速搅拌，均质并抽真空达到 －0.06MPa，加压出料得到粗品；

(5) 打开研磨机的电源，调节各辊之间的距离，对粗品进行研磨，出料得到产品；

(6) 灌装、密封保存。

原料配伍 本品各组分质量份配比范围为：氧化钛 1～6，避蚊胺 5～10，纳米氧化锌 1～6，矿物油 30～35，地蜡 12～17，二甲基硅油 2～6，氢化蓖麻油 8～12，羊毛脂 4～8，滑石粉 3～7，香精适量，防腐剂适量，抗氧化剂适量。

产品应用 本品主要用作野外防护油膏。

产品特性 本品可防治紫外线的灼伤，具有防晒的功效，防治蚊虫的叮咬，安全不过敏，对皮肤无刺激、毒副作用。本品香味清淡，有良好的透气性，不溶于水，易清洗，保护全面，且产品成本低，携带方便，稳定性好，可用于各种野外作业和户外旅游的人群。

配方 18 用于冬季脚裂的润足霜

原料配比

原料	配比(质量份)	原料	配比(质量份)
鲸蜡醇、十六烷醇	5	香料	0.1
超细远红外陶瓷粉	5	水	60
托玛琳宝石粉	1	不饱和脂肪酸酯	2.5
石蜡油	10	二氧化钛	2.5
凡士林	4	维生素 E	0.9
丙二醇	4	海带氨基酸 5 号	0.01
硬脂酸	4	保湿剂	0.5
三乙醇胺	1		

制备方法

(1) 将硬脂酸、石蜡油、凡士林、不饱和脂肪酸酯用水溶法加热到 90℃溶化。

(2) 把鲸蜡醇十六烷醇、丙二醇、三乙醇胺加热溶化。

(3) 将二氧化钛、超细远红外陶瓷粉、维生素 E、托玛琳宝石粉混配均匀后，倒入步骤 (1) 所得材料中搅拌均匀。

(4) 把香料倒入水中加热搅拌均匀，降到 50℃时倒入海带氨基酸 5 号，以上材料搅拌均匀后和混配材料搅拌均匀，然后倒入保湿剂。

(5) 最后将所有材料都降到 50℃时，充分搅拌均匀，降到常温，装瓶成为产品。

原料配伍 本品各组分质量份配比范围为：鲸蜡醇、十六烷醇 5，超细远红外陶瓷粉 5，托玛琳宝石粉 1，石蜡油 10，凡士林 4，丙二醇 4，硬脂酸 4，三乙醇胺 1，香料 0.1，水 60，不饱和脂肪酸酯 2.5，二氧化钛 2.5，维生素 E0.9，海带氨基酸 5 号 0.01，保湿剂 0.5。

所述的超细远红外陶瓷粉、海带氨基酸 5 号，这些材料擦在脚上可长期防治脚部衰老状况，能起到保湿、保温作用，由于超细远红外陶瓷粉射线的作用，可长期改善脚部的微循环，促进脚部皮肤细胞活化，并增加脚部的血液循环，增加血流量，使脚部在冬季长期保持湿润。

所述的托玛琳宝石粉、这种天然矿物可生产负离子，使用此润足霜，中老年人能在脚部区域空气中形成一个负离子区，有益脚部皮肤保健，加入本品的托玛琳宝石粉，是经过纳米级处理的超细粉料。材料中还增加了维生素 E 和保湿剂，以上材料能 24h 补充肌肤所需的养分和水分，用后使皮肤滋润，富有弹性。

产品应用 本品主要用作冬季脚裂的润足霜。

产品特性 本品中增加了能够促进皮肤细胞活化，促进皮肤光滑和光亮，并能治疗皮肤粗糙、干燥的海带氨基酸 5 号，还有维生素 E，并增加了一种天然电气石粉，即托玛琳宝石粉，这是一种可在局部空气中产生负离子的矿物质。另外本品中加进了大剂量的超细远红外陶瓷粉，这些组分强化了中老年人脚部使用的效果和功能。

配方 19 预防手足皲裂的营养软膏

原料配比

原料	配比(质量份)		
	1#	2#	3#
林蛙油	1	5	3
胶原蛋白	8	15	11
杏仁油	10	20	15
橄榄油	10	20	15
三维肽素	10	25	17
玻尿酸	0.5	4	2.5
人参	3	7	5
凡士林	20	40	30

制备方法 将人参按现有技术加工炮制，得人参渗出液；将杏仁油和橄榄油加热至 85℃时，依次将林蛙油、胶原蛋白、三维肽素、玻尿酸和凡士林按配比放入，搅拌均匀，降温至 38℃时，加入人参渗出液搅拌均匀成膏状，冷却，灭菌包装即可。

原料配伍 本品各组分质量份配比范围为：林蛙油 1～5，胶原蛋白 8～15，杏仁油 10～20，橄榄油 10～20，三维肽素 10～25，玻尿酸 0.5～4，人参 3～7，凡士林 20～40。

产品应用 本品是一种治疗手足皲裂的营养软膏。

产品特性 本品易被皮肤吸收，具有促进血液循环，改善新陈代谢，滋养肌肤，软化和维护干皮，促进裂口愈合的功效；使用时将皲裂处清洗干净涂抹，稍加按摩即可，对于皮肤表皮皲裂甚至是皲裂的裂口，均有很好的疗效，亦可长期使用滋养皮肤。

配方 20 中药护手霜

原料配比

原料	配比(质量份)		原料	配比(质量份)	
	1#	2#		1#	2#
当归	20	50	川芎	10	30
人参	15	25	白及	10	30
党参	5	15	水	650	1850
黄芪	5	25	霜剂基质	适量	适量

制备方法

(1) 将中草药以 10 倍水煎煮 2h，煎煮 2 次，合并滤液，并适当浓缩，得到本品的活性成分。

(2) 将活性成分加入霜剂基质得到本产品。

原料配伍 本品各组分质量配比范围为：当归 20～50，人参 15～25，党参 5～20，黄芪 5～25，川芎 10～30，白及 10～30，水 650～1850，霜剂基质适量。

产品应用 本品主要用作护手霜。

产品特性 本品具有滋润双手、修复皲裂的作用。

配方 21 中药抗菌护手霜

原料配比

原料		配比(质量份)
A组分	黄芩	15
	连翘	18
	艾叶	12
B组分	聚乙二醇-400	10
	凡士林	18
	硬脂酸单甘油酯	8
	丙三醇	16
	液体石蜡	18
	去离子水	29.9
	玫瑰香精	0.1

制备方法

(1) 组分A的制备：取黄芩 15 份，连翘 18 份，艾叶 12 份放入研磨器中，仔细研磨，过 400 目筛子，备用。

(2) 组分B的制备：先在搅拌器中放入聚乙二醇-400 10 份，然后边搅拌边缓慢放入凡士林 18 份，硬脂酸单甘油酯 8 份，丙三醇 16 份，液体石蜡 18 份，去离子水 29.9 份，经乳化 2h 后，加入玫瑰香精 0.1 份。

(3) 取 1 份 A 组分，加入到组分 B 中，搅拌均匀，即得本产品。

原料配伍 本品各组分质量份配比范围如下。

A组分：黄芩 10～20，连翘 15～25，艾叶 10～15。

B组分：凡士林 15～25，聚乙二醇-400 5～15，硬脂酸单甘油酯 5～10，丙三醇 10～25，液体石蜡 10～20，玫瑰香精 0.1～0.2，去离子水 20～50。

产品应用 本品是一种中药抗菌护手霜。

产品特性 本品有滋养肌肤、改善肤质的效果，对肌肤无害，能抑制乙肝病毒，对病毒性感冒、痢疾、肺炎、白喉有治疗作用，对脑膜炎球菌有较强的杀灭作用。

配方 22 紫草护手护甲霜

原料配比

原料			配比(质量份)		
			1#	2#	3#
A组分	油相	单硬脂酸甘油酯	2	5	3.8
		十六十八天然脂肪醇	4	8	6.6
		轻质矿物油	4	8	6.2
		聚乙二醇(6)鲸蜡硬脂醇	1	3	2
		聚乙二醇(25)鲸蜡硬脂醇	1	3	1.8
		维生素E	0.5	1	0.8
		紫草提取液	0.5	1.5	1
	水相	丙三醇	3	6	4.8
		尿囊素	0.5	1	0.7
		去离子水	加至100	加至100	加至100
B组分	香精		0.1	0.5	0.3
	防腐剂		0.1	0.2	0.15
	水解角蛋白		1	0.2	1.5

制备方法

(1) 将A组分油相、水相分别加热溶解，升温至75～85℃；

(2) 缓慢将A组分油相加入A组分水相中，搅拌溶解；

(3) 待完全混合后封闭乳化反应釜，抽真空，在85～80℃下高速均质搅拌，转速为2000～3000r/m，搅拌5～15min，降温至42～40℃依次加入B组分低温添加相，搅拌溶解；

(4) 在温度为38～36℃时出料灌装。

原料配伍 本品各组分质量份配比范围如下。

A组分：单硬脂酸甘油酯2～5，十六十八天然脂肪醇4～8，轻质矿物油4～8，尿囊素0.5～1，聚乙二醇(6)鲸蜡硬脂醇1～3，聚乙二醇(25)鲸蜡硬脂醇1～3，维生素E 0.5～1，紫草提取液0.5～1.5，丙三醇3～6，去离子水至100。

B组分：香精0.1～0.5，防腐剂0.1～0.2，水解角蛋白1～2。

A组分中的紫草为常用中药，紫草的主要成分为紫草素衍生物、酰化紫草素、脂肪酸鞣酸、树脂、多糖及无机盐等。它具有凉血、活血、收敛、消炎、抗菌的功能，对皮肤有防皱防裂，滋润保湿，止痒消炎，光滑柔嫩的良好效果。

B组分中的水解角蛋白是由纯的新西兰羊毛提取，经温和的提取技术制成的多肽，分子量在400～800。由于其小分子的特性，可与水结合，渗入皮肤和指甲，保持皮肤与指甲的滋润。

产品应用 本品能够滋养手部肌肤，有效预防手部肌肤干燥、发痒、干裂问题，防止手部冻伤及干裂，平缓皲裂的肌肤；同时还可预防及修护指甲的裂纹和不平，防止指甲断裂。长期使用本品，令双手柔嫩恢复弹性。

产品特性

（1）有效地锁住手部水分，保湿时间长，降低水分透过皮肤蒸发的速度，能保持皮肤水分及舒缓皮肤干燥的症状。

（2）营养、滋润而不油腻，易于涂抹，膏体迅速地渗透在皮肤中，形成吸留性的保护膜而起着护肤作用。

（3）不影响手部皮肤正常汗液分泌，并有防冻及防干裂效果。

（4）对指甲及指尖进行护理，主要作用是防止指甲变脆，特别是缓解外来因素引起的指甲变脆老化症状，有效地保持水分，供给养分，使指甲亮泽而有弹性。

配方 23　足部健康护理膏

原料配比

原料		配比(质量份)
中草药提取液	黄芩	20～250
	辣椒	10～200
	花椒	6～180
	生姜	5～180
	水	适量
足部健康护理膏	C_{16}～C_{18}醇	2～20
	白矿油	3～30
	凡士林	2～30
	乳化剂	2～25
	中草药提取液	3～18
	抗菌剂	0.1～7
	尿素	0.3～14
	去离子水	45～90

制备方法

（1）按配方称取黄芩、辣椒、花椒、生姜置入提取容器内，加入饮用水，加热煮沸，第一次煮沸 1h，第二次煮沸 2h，合并提取液，过滤、沉淀、浓缩、备用。

（2）足部健康护理膏的制备：按配方称取各原料，将油性原料和水相原料分别加热至 60～85℃、混合、均质搅拌、冷却、分装而成。

原料配伍　本品各组分质量份配比范围为：C_{16}～C_{18}醇 1～25，白矿油 2～38，凡士林 2～35，乳化剂 1～30，中草药提取液 1～20，抗菌剂 0.1～8，尿素 0.1～15，去离子水 40～95。

产品应用　本品是一种足部健康护理膏。

产品特性　本品采用高效光谱抗菌剂和多种中草药为主要原料，科学组方而成，具有能迅速抑制和杀死致病菌，有效防止耐药性的产生，并且增加了皮肤渗透性能，能快速渗透到皮下组织，杀死隐藏在深层组织的致病菌，提高杀菌效果，有效防治脚气及其他并发症的产生，防止足部皮肤粗糙、干裂、脱皮，令肌肤富于弹性，细腻柔软，白嫩靓丽，促进足部血液循环，减轻足部疲劳，防止足部衰老，使足部舒爽轻松，步履轻健，促进足部血液回流，减轻静脉曲张等功效，是理想的足部健康用品。

第六章
防晒化妆品

Chapter 06

第一节　防晒化妆品配方设计原则

一、防晒化妆品的特点

防晒化妆品是指添加了能阻隔或吸收紫外线的防晒剂来达到防止肌肤被晒黑、晒伤的产品。防晒化妆品需要根据具体的对象来选择不同SPF或PA值的产品，以达到防晒的目的。防晒化妆品的作用原理是将皮肤与紫外线隔离开来。

目前，市场上的防晒制品有乳液、膏霜、油、棒、凝胶、气雾剂等多种形式。

防晒油是最古老的防晒化妆品制品形式，其优点是制备工艺简单，产品防水性好，易涂展；缺点是油膜较薄且不连续，难以达到较好的防晒效果。

防晒棒是一种较新的剂型，主要由油与蜡等成分组成，配方中也可掺入一些无机防晒剂，该类产品携带使用方便，防晒效果优于防晒油，但不适宜大面积涂用。

防晒凝胶多为水溶性凝胶，肤感清爽，不油腻，且外观晶莹，但油性防晒剂较难加入配方中。因此要制备出高防护性的产品困难较大；由醇-水组成的凝胶体系虽然可加入较多的有机吸收剂，但其膜薄，不连续，也影响到SPF值的提高。另外配方中要加入较高含量的乙醇，易对皮肤产生刺激。

防晒乳跟防晒霜主要区别在于物理性状，霜剂一般的含水量在60%左右，看上去比较“稠”，呈膏状；而乳液，含水量在70%以上，看上去比较稀，有流动性。一般来讲乳液比霜剂清爽，因为水的含量比较高，但仍然可以利用不同的油性成分和增稠剂来调整霜剂的“油腻”程度。目前，市场上使用最多的防晒品载体还是乳化体，并以乳液为最。其目的在于提供给消费者更方便使用的防晒护理品，产品肤感轻盈、无油腻感。乳液形式之所以较其他剂型更受欢迎有以下几个原因。

① 所有类型的防晒剂均可配入产品，且加入量较少受限制，因此可得到更高 SPF 值的产品；

② 易于涂展，且肤感不油腻；

③ 可制成抗水性产品；

④ 有 O/W 型与 W/O 型两种不同剂型可供选择。

二、 防晒化妆品的分类及配方设计

1. 防晒剂

防晒剂的选择是防晒化妆品配方的核心所在，对防晒产品的性能具有决定性的影响。

(1) 无机防晒剂

使用最多的无机防晒剂是二氧化钛与氧化锌，是粒径在 10～150nm 范围内超细无机粉体，由于安全性高，防晒效果更为优异而被广泛用于防晒产品中，超细二氧化钛、氧化锌除对 UVB 有良好的散射功能外，对 UVA 也有一定滤除作用，尤其是超细氧化锌，被认为是可得到的透明防晒剂中最为广谱的品种。

但一般来说，要想达到较好的防晒效果往往要加入大量的无机防晒剂，造成产品成本较高，且易影响其肤感及皮肤外观。就目前而言，单独使用任何一种防晒成分都不能达到最佳的产品性能价格比及使用效果，防晒剂的复合使用仍是今天防晒配方研究的重点之一。

(2) 复合防晒剂

复合防晒剂包括 UVB 防晒剂与 UVA 防晒剂之间的复合，也包括有机吸收剂与无机散射剂之间的复合。更好地发挥各防晒剂单体之间的协同效应是选用复合防晒剂的优势之一。

使用频率较高的防晒剂为：甲氧基肉桂酸辛酯、二苯甲酮-3、辛基二甲基 PABA、二氧化钛、Patrol 1789、二苯甲酮-4、氰双苯丙烯酸辛酯、Uainul T150、氧化锌等。

2. 基质配方的筛选

防晒化妆品的基质对产品的性能有着重要的影响。一般含醇基质在皮肤上所形成的膜较薄，光易透过，本身的紫外线防护作用差；而乳液在皮肤上蒸发后成膜，一些残留组分会散射通过膜的光，减弱入射光强度，从而增加了整个产品的防晒能力。由于配方的差异，其基质自身的防护作用及对防晒剂性能发挥的影响也是不同的。

(1) 油相原料的选择

通常，油相原料会对防晒剂在皮肤上的涂展与渗透产生影响，选择铺展性好的油脂作为防晒剂的载体，有助于防晒剂在皮肤上均匀分散；而使用渗透性较强的油脂与防晒剂相溶，可以使防晒剂固定在上皮层成为可能，以上两点均有助于产品的防晒能力的提高。

应注意的是，一些与防晒剂相溶的油相原料，在光的照射下会与防晒剂发生反应，促使其降解，并引起吸收峰的位移。在油脂中，降解较明显的吸收剂有丁基甲氧基二苯甲酰甲烷、邻氨基苯甲酸甲酯、N,N-二甲基 PABA 辛酯等。

对散射型防晒剂来说，选择适宜的基剂同样重要，无机粉体的折射率与光的散射有很大关系。研究表明，散射剂的折射率 N_p 与基剂的折射率 N 之比 N_p/N 值越大，则粉体表面阻碍紫外线的量也就越大。因此，在使用二氧化钛、氧化锌等无机散射剂的同时，考虑在配方中选用折射率小的基质原料。

聚硅氧烷是一种良好的亲酯性载体，也是无机散射剂的分散助剂，其在皮肤上形成的膜牢固度高，且抗水性强，可较好地提高配方的 SPF 值。

(2) 乳化剂的选用

乳化剂的选择、使用是形成稳定乳液体系的关键，其对乳液的结构与性质具有重要影响；而乳液的成膜强度、均匀性、铺展性、耐水性、渗透性等性质对产品的防晒性能都有直接的影响。

在选择乳化剂时，还应考虑以下几点。

① 选择安全性高的乳化剂，以提高整个防晒制品的皮肤安全性，从此意义上说，应优先选用非离子型乳化剂；

② 使用最少量的乳化剂；

③ 尽量少用聚氧乙烯型乳化剂，有研究认为在阳光和氧的存在下，这类乳化剂会发生自氧化作用，产生对皮肤有害的自由基；

④ 减少高 HLB 值乳化剂的用量，尽量使用富脂型乳化剂，以提高产品的抗水性。

(3) 关于配方的抗水性

为获得较高的 SPF 值，防晒制品必须沉积在皮肤上形成较厚而坚固的耐水性防晒剂层，因为在活体法测定 SPF 值时，抗水性的测定已包含其中，此项指标直接影响 SPF 值的测定结果。为使产品具有抗水性，在配方设计时，多从以下几方面采取措施。

① 多采用非水溶性防晒剂；

② 使用抗水剂，如一些防水树脂、成膜剂等；

③ 增加油相在配方中的比例；

④ 减少亲水性乳化剂的用量；

⑤ 采用 W/O 型乳化体系。

（4）其他添加剂

为使配方达到最佳的效果，除考虑以上主要因素外，还应关注以下问题，以进一步改善防晒制品的性能。

① 最大限度地减少香精与防腐剂的用量　这些成分是导致皮肤刺激的重要因素。另外，由于香精中香料成分复杂，容易在光照下产生光化学反应而对皮肤造成安全隐患。

② 添加抗氧化剂　紫外线对细胞的 DNA、膜及免疫系统均有不良作用。既使 SPF 值较高的防晒产品也较难完全阻挡紫外线对皮肤的伤害，未被阻挡的紫外线会透射至皮肤深层产生自由基，破坏免疫系统。研究发现，在配方中加入抗氧化剂维生素 E、维生素 C 及 β-胡萝卜素等能增加防晒剂的防护功能，并能及时清除自由基，使皮肤得到更广泛的保护。另外，在配方中添加葡聚糖对人体的免疫系统也会有较好的保护作用。

③ 选用抗炎剂　众所周知，过量紫外线照射会引发皮肤炎症，当然防晒化妆品对皮肤具有良好的保护功能，但由于配方、环境、使用等方面的问题，要想完全避免紫外线的伤害是非常困难的。因此，配方中加入一些抗炎成分有助于皮肤状态的进一步改善，防止紫外线照射及防晒剂本身可能带来的皮肤刺激。较常用的抗炎剂有：α-红没药醇、尿囊素、硝酸锶复合物等。

第二节　防晒化妆品配方实例

配方 1　凹凸棒藏红花防晒膏

原料配比

原料	配比(质量份)	原料	配比(质量份)
膏状凹凸棒石黏土	45	对甲氧基肉桂酸异戊酯	4
藏红花	8	金红石型钛白粉	3
鲜荷叶	6	丁二醇	1.6
鲜小蓟	4	山梨酸钾	0.4
蜂蜜	4	去离子水	24

制备方法

（1）将所有原料加入搅拌机内进行低速搅拌，混合均匀后，输入粉碎打浆机中粉碎打浆为凹凸棒藏红花防晒膏的混合物；

（2）将步骤（1）获得的混合物输入多功能胶体磨中研磨为糊状混合物，颗粒细度小于 0.005mm；

（3）将步骤（2）获得的研磨后的糊状混合物，输入超高速搅拌机中高速强力搅拌为膏状半成品；

（4）将步骤（3）获得的膏状半成品进行真空脱气工艺处理，罐装为凹凸棒藏红花防晒膏的成品。

原料配伍 本品各组分质量份配比范围为：膏状凹凸棒石黏土35～65，藏红花2～10，鲜荷叶2～8，鲜小蓟2～6，蜂蜜1～6，对甲氧基肉桂酸异戊酯1～6，金红石型钛白粉1～5，丁二醇0.1～3，山梨酸钾0.06～0.5，去离子水5～30。

产品应用 凹凸棒藏红花防晒膏中的植物纤维有利于阻断和吸收紫外线对皮肤的辐射，适用于涂抹在裸露的皮肤表层。

产品特性 本品黏度较高，质地柔软，手感好，附着力强，容易黏附在人体皮肤上，在肌肤表层形成保护膜，以防止紫外线对皮肤的伤害。

配方2 凹凸棒儿童防晒膏

原料配比

原料	配比(质量份)	原料	配比(质量份)
膏状凹凸棒石黏土	44	氧化锌	3
牛奶	16	金红石型钛白粉	2
葡萄	12	柠檬酸	0.7
香蕉	10	羟甲基甘氨酸钠	0.3
蜂蜜	4	去离子水	5
橄榄油	3		

制备方法

（1）将所有原料加入搅拌机内进行低速搅拌，混合均匀后，输入粉碎打浆机中进行粉碎打浆为凹凸棒儿童防晒膏的混合物；

（2）将步骤（1）获得的混合物输入多功能胶体磨中研磨为糊状混合物，颗粒细度小于0.005mm；

（3）将步骤（2）获得的研磨后的糊状混合物，输入超高速搅拌机中高速强力搅拌为膏状半成品；

（4）将步骤（3）获得的膏状半成品进行真空脱气工艺处理，罐装为凹凸棒儿童防晒膏的成品。

原料配伍 本品各组分质量份配比范围为：膏状凹凸棒石黏土30～65，牛奶2～20，葡萄2～15，香蕉2～10，蜂蜜1～8，橄榄油1～6，氧化锌0.5～6，金红石型钛白粉0.5～5，柠檬酸0.01～5，羟甲基甘氨酸钠0.1～1，去离子水1～30。

产品应用 本品适用于涂抹在儿童裸露的皮肤表层。

产品特性 本品营养丰富，滋润保护皮肤，促进皮肤新陈代谢，没有刺激性，不会产生粉刺，不阻塞毛孔，容易被皮肤吸收，起到保湿、抗氧化、防过敏、防紫外线、抑菌等功效。

配方 3　凹凸棒海滩防晒霜

原料配比

原料	配比(质量份)	原料	配比(质量份)
膏状凹凸棒石黏土	42	三甲基硅烷氧基硅酸酯	1
橄榄油	6	超细聚乙烯醇	0.5
核桃油	5	改性羧甲基羟丙基纤维素	0.5
二甲基对氨基苯甲酸辛酯	5	甲基葡萄糖苷倍半硬脂酸酯	0.5
纳米二氧化硅	4	甲基葡萄糖苷倍半硬脂酸酯聚氧乙烯(20)醚	0.4
纳米氧化锌	3	尼泊金甲酯	0.06
纳米金红石型钛白粉	2	尼泊金丙酯	0.04
棕榈酸异辛酯	2	去离子水	28

制备方法

(1) 将所有原料加入搅拌机内进行低速搅，混合均匀后，输入粉碎打浆机中粉碎打浆为凹凸棒海滩防晒霜的混合物；

(2) 将步骤 (1) 获得的混合物输入多功能胶体磨中研磨为糊状混合物，颗粒细度小于 0.005mm；

(3) 将步骤 (2) 获得的研磨后的糊状混合物，输入超高速搅拌机中高速强力搅拌为膏状半成品；

(4) 将步骤 (3) 获得的膏状半成品进行真空脱气工艺处理，罐装为凹凸棒海滩防晒霜的成品。

原料配伍　本品各组分质量份配比范围为：膏状凹凸棒石黏土 25～65，橄榄油 1～12，核桃油 1～10，二甲基对氨基苯甲酸辛酯 1～8，纳米二氧化硅 0.5～8，纳米氧化锌 0.5～6，纳米金红石型钛白粉 0.5～5，棕榈酸异辛酯 0.5～5，三甲基硅烷氧基硅酸酯 0.05～5，超细聚乙烯醇 0.05～5，改性羧甲基羟丙基纤维素 0.05～5，甲基葡萄糖苷倍半硬脂酸酯 0.05～1，甲基葡萄糖苷倍半硬脂酸酯聚氧乙烯 (20) 醚 0.05～1，尼泊金甲酯 0.01～0.5，尼泊金丙酯 0.01～0.5，去离子水 1～35。

所述膏状凹凸棒石黏土按质量分数由下列组分组成：凹凸棒石黏土 40%，水 60%。

产品应用　本品适用于涂抹在海上作业和海滩度假者皮肤的表层。

产品特性　本品主要提供出色的防晒效果而具有较低的成本，不溶于水，具有较滑爽的润肤感觉，低嗅味。本品质地柔软，手感好，附着力强，防水防汗性能好，在肌肤表层迅速生成一层薄膜，可以长时间反射和吸收紫外线，以防止紫外线对皮肤的伤害。

配方 4　凹凸棒芦荟防晒霜

原料配比

原料	配比(质量份)	原料	配比(质量份)
膏状凹凸棒石黏土	34	金红石型钛白粉	2.6
芦荟凝胶原汁	12	棕榈酸异辛酯	0.6
糊状芦荟醇混合液	10	甲基葡萄糖苷倍半硬脂酸酯	0.4
黑芝麻油	6	甲基葡萄糖苷倍半硬脂酸酯聚氧乙烯(20)醚	0.4
蜂蜜	3	去离子水	28
对甲氧基肉桂酸辛酯	3		

制备方法

(1) 所述芦荟凝胶原汁的生产工艺：先将新鲜芦荟叶片用清水洗净后切碎，加入粉碎打浆机中粉碎打浆为胶质液体，再将打浆后的胶质液体加入压滤机中进行压滤，压滤后得到的液体为芦荟凝胶原汁。

所述糊状芦荟醇混合液的生产工艺如下。

① 将芦荟压滤后得到的残渣倒入容器内，加入酒精度为 60 度的食用酒精搅拌混合为芦荟残渣醇混合物，芦荟残渣醇混合物的配料按质量分数由下列组分组成：芦荟残渣 35%，酒精 65%。

② 浸泡时间控制在 48h。

③ 将浸泡后的芦荟残渣醇混合物输入粉碎打浆机中粉碎打浆为糊状芦荟醇混合液。

所述膏状凹凸棒石黏土按质量分数由下列组分组成：凹凸棒石黏土 35%，水 65%。

(2) 凹凸棒芦荟防晒霜的生产方法如下。

① 将凹凸棒芦荟防晒霜的配料加入搅拌机内进行低速搅拌，混合均匀后，输入粉碎打浆机中粉碎打浆为凹凸棒芦荟防晒霜的混合物；

② 将步骤①获得的混合物输入多功能胶体磨中研磨为糊状混合物，颗粒细度小于 0.005mm；

③ 将步骤②获得的研磨后的糊状混合物，输入超高速搅拌机中高速强力搅拌为膏状半成品；

④ 将步骤③获得的膏状半成品进行真空脱气工艺处理，罐装为凹凸棒芦荟防晒霜的成品。

原料配伍　本品各组分质量份配比范围为：膏状凹凸棒石黏土 25～55，芦荟凝胶原汁 5～30，糊状芦荟醇混合液 5～25，黑芝麻油 1～10，蜂蜜 1～10，对甲氧基肉桂酸辛酯 0.5～8，金红石型钛白粉 0.5～5，棕榈酸异辛酯

0.05～2，甲基葡萄糖苷倍半硬脂酸酯 0.05～1，甲基葡萄糖苷倍半硬脂酸酯聚氧乙烯（20）醚 0.05～1，去离子水 1～35。

产品应用 本品主要对紫外线有屏蔽作用，能在皮肤上形成一层薄膜，使肌肤在高晒下能持久抵御紫外线，适用于野外作业和旅游者涂抹在皮肤的表层。

产品特性 产品具有美容和康肤的双重效果——祛皱、防晒、祛斑、嫩白、止痒去屑、消除螨虫感染及手脚老茧，可以治疗脸疱疹、冻伤、创伤、痔疮、红肿、脚气、蚊子叮咬等症状，且一年四季均可使用，无副作用。

配方 5 保湿防晒霜

原料配比

原料	配比(质量份)	原料	配比(质量份)
水	59.7	异硬脂醇聚醚-25	1.8
甘油	10	聚二甲基硅氧烷	1
甲氧基肉桂酸乙基己酯	7	黄原胶	0.4
棕榈酸异丙酯	5	透明质酸	0.2
二氧化钛	5	羟苯甲酯	0.2
鲸蜡硬脂醇	5	羟苯丙酯	0.1
二苯酮-3	2.5	香精	0.1
甘油硬脂酸酯	2		

制备方法

（1）油相物料的处理：甲氧基肉桂酸乙基己酯、棕榈酸异丙酯、甘油硬脂酸酯、鲸蜡硬脂醇、二苯酮-3、异硬脂醇聚醚-25、聚二甲基硅氧烷、羟苯丙酯混合加热至 75℃。

（2）水相物料的处理：将水、二氧化钛、甘油、黄原胶、透明质酸、羟苯甲酯混合加热至 75℃。

（3）将油相物料和水相物料搅拌混合 30min（1000r/min），搅拌冷却至 50℃；加入 1g 香精，继续搅拌冷却至 35℃，即得本品的保湿防晒霜。

原料配伍 本品各组分质量份配比范围为：水 50～65，甘油 5～15，甲氧基肉桂酸乙基己酯 5～10，棕榈酸异丙酯 3～10，二氧化钛 4～8，鲸蜡硬脂醇 3～7，二苯酮-3 1.5～3.5，甘油硬脂酸酯 1～3，异硬脂醇聚醚-25 1～2，聚二甲基硅氧烷 0.5～1.5，黄原胶 0.1～1，透明质酸 0.1～0.5，羟苯甲酯 0.1～0.5，羟苯丙酯 0.1～0.5，香精 0.1～0.5。

产品应用 本品是保湿防晒霜，防晒的同时兼具保湿护肤的功能。

产品特性 透明质酸具有明显的抗皱保湿、抗衰老的作用。本配方符合人体特征需要，不引起过敏，可长期使用。

配方6　多功能防晒霜

原料配比

原料		配比(质量份)				
		1#	2#	3#	4#	5#
A组分	硬脂酸	10	20	13	13	15
	白油	5	15	9	9	12
	聚氧丙烯羊毛醇醚	1	10	5	5	8
	十六醇	1	5	3	3	4
	羊毛脂	1	5	2	2	1
	对羟基苯甲酸甲酯	1	5	3	3	4
	十六酸异丙酯	1	5	3	3	4
	对二羟基丙氨基苯甲酸乙酯	1	5	3	3	4
	对氨基苯甲酸薄荷酯	1	5	3	3	4
	叔丁基羟基苯甲醚	0.01	0.05	0.03	0.02	0.01
B组分	去离子水	50	65	50	55	60
	甘油	1	10	2	5	8
	月桂酰二乙醇胺	1	6	2	4	5
	对羟基苯甲酸乙酯	0.1	0.5	0.3	0.2	0.1
C	香精	0.3	1	0.5	0.06	0.8

制备方法

(1) 将A组分混合搅拌加热至70～90℃，直至混合均匀；

(2) 将B组分混合搅拌加热至70～90℃，直至混合均匀；

(3) 然后将A，B两组分转移至乳化器中，经充分均质化后，当温度降至35～45℃时加入C组分，混合均匀，放置24h后分装即得本产品。

原料配伍　本品各组分质量份配比范围如下。

A组分：硬脂酸10～20，白油5～15，聚氧丙烯羊毛醇醚1～10，十六醇1～5，羊毛脂1～5，对羟基苯甲酸甲酯1～5，十六酸异丙酯1～5，对二羟基丙氨基苯甲酸乙酯1～5，对氨基苯甲酸薄荷酯1～5，叔丁基羟基苯甲醚0.01～0.05。

B组分：去离子水50～65，甘油1～10，月桂酰二乙醇胺1～6，对羟基苯甲酸乙酯0.1～0.5。

C组分：香精0.3～1。

产品应用　本品主要用作防晒霜。

产品特性　本品除了具有防晒功能之外，还具有润肤、保湿，及给皮肤补充养分等功能。本品使用方便，具有良好的紫外线UVA的阻隔效果，可有效预防黑色素的产生，使皮肤晒不黑及晒不伤，可使皮肤时刻保持青春润泽。

配方 7 防晒 BB 霜

原料配比

原料		配比(质量份)		
		1#	2#	3#
A 相	C_{30}～C_{45}烷基鲸蜡硬脂基聚二甲基硅氧烷交联聚合物	0.85	1.02	1.7
	聚二甲基硅氧烷	4.15	4.98	8.3
	鲸蜡基 PEG/PPG-10/聚二甲基硅氧烷	1.8	2.5	3
	苯基聚三甲基硅氧烷	0.5	0.8	1
	硬脂酸镁	0.8	0.9	1
	羟苯甲酯	0.1	0.1	0.2
	羟苯丙酯	0.05	0.05	0.1
	辛酸/癸酸甘油三酯	2	3	4
	甲氧基肉桂酸乙基己酯	5	6	10
	水杨酸乙基己酯	2	1	1
B 相	环五聚二甲基硅氧烷	6	8	9
	二氧化钛	6	8	10
	聚甘油-3-二异硬脂酸酯	2	2.2	2.6
	辛基聚甲基硅氧烷	1	1.2	2
	氧化铁类	0.8	0.9	1.2
C 相	水	57.47	49.35	32.05
	甘油	5	3	5
	丙二醇	3	5	6
	EDTA 二钠	0.08	0.05	0.1

制备方法

(1) 将 B 相混合均匀后用胶体磨研磨至细腻无颗粒为止；

(2) 依次将 A 相各组分加入油相锅，搅拌升温至 80～85℃，完全分散好后抽入乳化锅；

(3) 再将研磨好的 B 相混合物加入乳化锅，搅拌升温到 80～85℃；

(4) 同时将 C 相混合物加入水相锅，搅拌升温至 80～85℃，溶解完全；

(5) 抽真空 (0.04MPa)，开搅拌器 (1200r/min)，利用负压将水相锅中的物料经过滤网缓慢抽入乳化锅内，以乳化锅内液面无积水为准，加完水相锅内物料后，搅拌 10～15min，再均质 5min 左右，然后开循环水降温，保持真空度；

(6) 搅拌降温至 40℃，检验合格即可出料。

原料配伍 本品各组分质量份配比范围为：环五聚二甲基硅氧烷 4～9，二氧化钛 5～10，甘油 3～8，丙二醇 3～6，甲氧基肉桂酸乙基己酯 4～10，辛酸/癸酸甘油三酯 2～4，聚二甲基硅氧烷 4.15～8.3，鲸蜡基 PEG/PPG-10/聚二甲基硅氧烷 1.8～3，C_{30}～C_{45}烷基鲸蜡硬脂基聚二甲基硅氧烷交联聚合物 0.85～1.7，聚甘油-3-二异硬脂酸酯 2～2.6，水杨酸乙基己酯 1～5，辛基聚甲基硅氧烷 1～2，苯基聚三甲基硅氧烷 0.5～1，硬脂酸镁 0.6～1，氧化铁类 0.8～1.2，羟苯甲酯 0.1～0.2，羟苯丙酯 0.05～0.1，EDTA 二钠 0.05～0.1，去离子水加至 100。

产品应用 本品是一种防晒 BB 霜。

产品特性 本品集营养、保湿、改善皱纹、软化角质、淡化皮肤纹理、美白修护、调解皮脂、抵御紫外线、隔离脏污空气等功效于一身，具有一整天的多效调养，同时展现裸妆般的好气色，从而一次性享受多重效果的多功效肌肤呵护。

配方 8 防晒保湿霜

原料配比

原料		配比(质量份)		
		1#	2#	3#
A 相	单硬脂酸乙二醇酯	5	5	5
	十八醇	2.5	2.5	2.5
	凡士林	6	6	6
B 相	A 相原料	13.5	13.5	13.5
	石蜡油	6	6	6
	甘油	3.5	3.5	3.5
	乳化剂吐温-80	1	1	1
C 相	改性防晒剂	5	5	4
	丙二醇	4	4	4
	卵磷脂	0.1	0.1	0.1
	芦荟胶	10	7	10
	去离子水	56.9	61.9	56.9
香精		0.5	0.5	0.5

制备方法

(1) 将单硬脂酸乙二醇酯、十八醇和凡士林混合，加热至 70℃，搅拌溶解，作为 A 相。

(2) 在 A 相中加入石蜡油、甘油和乳化剂吐温-80，搅拌下升温至 95℃，在该温度保持 60min，得到 B 相。

(3) 将改性防晒剂、丙二醇、卵磷脂、芦荟胶和去离子水混合，搅拌下水浴升温至 65℃，作为 C 相。

(4) 将 B 相降温至 65℃ 与 C 相混合，搅拌下在该温度保持 60min，然后冷却至 45℃，加入香精，搅拌均匀，冷却至室温出料。

原料配伍 本品各组分质量份配比范围为：单硬脂酸乙二醇酯 5，十八醇 2～4，凡士林 4～6，石蜡油 5～7，甘油 3～4，乳化剂吐温-80 1，改性防晒剂 0.5～5，丙二醇 3～4.5，卵磷脂 0.1，芦荟胶 1～10，香精 0.5～1，去离子水 56.9～61.9。

产品应用 本品主要用作防晒剂，有防紫外线和清除氧自由基的功效，从而达到修复皮肤、延缓老化的作用，且安全性好。

产品特性 本品具有较好的防晒能力和保湿性，同时避免了使用化学紫外吸收剂引起的接触致毒和光接触致毒对皮肤的危害。

配方 9 防晒化妆品

原料配比

原料	配比(质量份)		
	1#	2#	3#
CSS-4 防晒剂	7	3	10
丙二醇	10	8	15
正丙醇	10	9	15
松油醇	1	2	1
十二烷基苯磺酸钠	5	8	5
去离子水	67	70	54

制备方法 将上面的材料置入容器中搅拌混合均匀，过滤、包装得防晒化妆品成品。

原料配伍 本品各组分质量份配比范围为：CSS-4 防晒剂 3～10，丙二醇 5～15，正丙醇 5～15，松油醇 1～3，十二烷基苯磺酸钠 3～10，去离子水50～70。

产品应用 本品是一种质量优良、价格低廉能有效地吸收或散射太阳光中 UVB 和 UVA 范围光波的防晒化妆品。

产品特性 本品对人体皮肤无刺激，无毒，对紫外线吸收的波长范围宽，能有效避免紫外线对皮肤的伤害，而且白度好，手感好。

配方 10 防晒露

原料配比

原料	配比(质量份)	原料	配比(质量份)
托玛琳电气石粉(纳米级)	1	杏仁油	2
远红外陶瓷粉	1	二羟基丙酮	1
二牛基季铵化合物	5	水	59.5
硬脂酸鲸蜡酯	5	椰子酸甘油酯	10
十六烷基芳基葡萄糖苷鲸蜡醇	5	维生素 E	0.5
甘油	3	胡萝卜素	1
聚氧乙烯(20)十六烷基苯酚醚	5	苯并唑类紫外线吸收剂	1

制备方法 将各组分混合均匀即可。托玛琳电气石粉（纳米级）和远红外

陶瓷粉可以在杏仁油、甘油、椰子酸甘油酯中加温溶解，混配均匀即可。

原料配伍 本品各组分质量份配比范围为：托玛琳电气石粉（纳米级）1，远红外陶瓷粉 1，二牛基季铵化合物 5，硬脂酸鲸蜡酯 5，十六烷基芳基葡萄糖苷鲸蜡醇 5，甘油 3，聚氧乙烯（20）十六烷基苯酚醚 5，杏仁油 2，二羟基丙酮 1，水加到 59.5。椰子酸甘油酯 10，维生素 E 0.5，胡萝卜素 1，苯并唑类紫外线吸收剂 1。

产品应用 本品是一种含负离子材料和远红外材料的防晒露。这种负离子作用于细胞膜，可以使细胞膜活化，通过细胞的活化促使皮肤的新陈代谢活跃。

产品特性 本品中添加了远红外陶瓷粉，促进人体表面皮肤的微循环，使用有远红外的防晒露可以改善口、鼻、面部血液循环，缓解因微循环障碍造成的面部瑕疵，消除眼部疲劳，预防眼部疾病，预防上呼吸道感染及炎症，这种防晒露在热带和亚热带可以长期涂抹在人的皮肤上，对人体有很好的保健功能。

配方 11 防晒气雾剂

原料配比

原料	配比(质量份)	原料	配比(质量份)
胡莫柳酯	9.5	奥克立林	3.5
二苯酮-3	9.1	丙烯酸(酯)类/辛基丙烯酰胺	3
聚硅氧烷-15	7.5	维生素 E	0.4
甲氧基肉桂酸辛酯	6.2	维生素 C	0.2
水杨酸辛酯	4	无水酒精	56.6

制备方法 分别将胡莫柳酯、二苯酮-3、聚硅氧烷-15、甲氧基肉桂酸辛酯、水杨酸辛酯、奥克立林、维生素 E、维生素 C、丙烯酸（酯）类/辛基丙烯酰胺共聚物溶解在无水酒精中，搅拌均匀，静置 1h。静置之后，将其灌装于气雾罐中即可。

原料配伍 本品各组分质量份配比范围为：胡莫柳酯 7～10，二苯酮-3 7～10，聚硅氧烷-15 5～10，甲氧基肉桂酸辛酯 5～10，水杨酸辛酯 3～5，奥克立林 2～10，丙烯酸（酯）类/辛基丙烯酰胺 3，维生素 E 0.4，维生素 C 0.2 和无水酒精 41～67。

产品应用 本品是一种使用方便的防晒气雾剂。该防晒气雾剂能够降低自由基对人体的危害。

产品特性 本品具备防水成膜的功效，等无水酒精挥发后，不会使皮肤发黏或留下液滴，让使用者无油腻感，解决了防晒产品厚重又具油性给肌肤带来负担的问题；蕴含维生素 C 和维生素 E 配方可保护皮肤不受自由基的伤害，并可以补充肌肤营养，锁住水分。

配方 12　防晒乳剂

原料配比

<table>
<tr><td colspan="2" rowspan="2">原料</td><td colspan="3">配比(质量份)</td></tr>
<tr><td>1#</td><td>2#</td><td>3#</td></tr>
<tr><td rowspan="6">A</td><td>凡士林</td><td>9</td><td>15</td><td>12</td></tr>
<tr><td>十八醇</td><td>4.5</td><td>6.5</td><td>5.5</td></tr>
<tr><td>苯基邻氨基苯甲酸酯</td><td>2</td><td>3.4</td><td>2.8</td></tr>
<tr><td>沙棘油</td><td>3.2</td><td>4.8</td><td>4.2</td></tr>
<tr><td>山梨糖醇酐单硬脂酸酯聚氧乙烯(20)醚</td><td>3.2</td><td>5.8</td><td>4.8</td></tr>
<tr><td>山梨醇酐单硬脂酸酯</td><td>1.6</td><td>3.4</td><td>2.6</td></tr>
<tr><td rowspan="3">B</td><td>去离子水</td><td>加至 100</td><td>加至 100</td><td>加至 100</td></tr>
<tr><td>三乙醇胺</td><td>0.06</td><td>0.09</td><td>0.08</td></tr>
<tr><td>布罗波尔</td><td>0.06</td><td>0.09</td><td>0.08</td></tr>
<tr><td colspan="2">榛子油</td><td>适量</td><td>适量</td><td>适量</td></tr>
</table>

制备方法

(1) 在带有搅拌器的可加热和冷却的容器中加入凡士林、十八醇、苯基邻氨基苯甲酸酯、沙棘油、山梨糖醇酐单硬脂酸酯聚氧乙烯（20）醚、山梨醇酐单硬脂酸酯，加热至 70～75℃，待原料完全溶解后，充分搅匀。

(2) 在另一个容器中加入去离子水、三乙醇胺、布罗波尔，加热至 65～70℃，充分搅匀。

(3) 在不断搅拌下，将上述步骤（2）所得的混合液慢慢加入上述步骤（1）中的混合液中，待冷却至 35～40℃时，加入适量榛子油。

原料配伍　本品各组分质量份配比范围为：凡士林 9～15，十八醇 4.5～6.5，苯基邻氨基苯甲酸酯 2～3.4，沙棘油 3.2～4.8，山梨糖醇酐单硬脂酸酯聚氧乙烯（20）醚 3.2～5.8，山梨醇酐单硬脂酸酯 1.6～3.4，去离子水加至 100，三乙醇胺 0.06～0.09，布罗波尔 0.06～0.09，榛子油适量。

产品应用　本品是一种适宜天气较冷时的防晒产品。

产品特性　本品既含有起护肤作用的油性成分，又含有水分，既可以在皮肤表面形成油膜，防止紫外线造成的侵害，又可以给皮肤补充水分，防止水分的过快蒸发。

配方 13　防晒霜

原料配比

原料		配比(质量份)				
		1#	2#	3#	4#	5#
A组分	去离子水	45	60	50	55	60
	硬脂酸	1	6	2	4	5
	三乙醇胺	1	4	1	2	3
	聚氧乙烯十六醇醚	1	10	2	5	8
	甘油	1	5	3	2	1
B组分	十四酸异丙醇	5	15	5	8	10
	硬脂酸甘油酯	1	10	2	5	8
	羊毛脂	1	10	2	5	8
	甲基对羟基苯甲酸酯	0.1	0.5	0.3	0.2	0.1
	十六醇	1	3	3	2	1
	对羟基苯甲酸丁酯	0.2	0.6	0.5	0.4	0.2
	水杨酸薄荷酯	1	10	5	8	10
	斯盘-60	5	6	2	4	5
C组分	香精	0.3	1	0.5	0.6	0.8

制备方法

(1) 将A组分混合搅拌加热至75℃，直至混合均匀；

(2) 将B组分混合搅拌加热至75℃，直至混合均匀；

(3) 然后将A，B两组分转移至乳化器中，经充分均质化，当温度降至40℃时加入C组分，混合均匀，放置24h后分装即得本产品。

原料配伍 本品各组分质量份配比范围如下。

A组分：去离子水45～60，硬脂酸1～6，三乙醇胺1～4，聚氧乙烯十六醇醚1～10，甘油1～5。

B组分：十四酸异丙醇5～15，硬脂酸甘油酯1～10，羊毛脂1～10，甲基对羟基苯甲酸酯0.1～0.5，十六醇1～5，对羟基苯甲酸丁酯0.2～0.6，水杨酸薄荷酯1～10，斯盘-60 1～6。

C组分：香精0.3～1。

产品应用 本品主要可以在皮肤上形成保护膜，使得紫外线无法穿透皮肤表面。

产品特性 本品具有良好的紫外线阻隔效果，可有效预防黑色素的产生，使皮肤晒不黑及晒不伤，可使皮肤时刻保持青春润泽。

配方14 防晒水

原料配比

原料	配比(质量份)		
	1#	2#	3#
去离子水	加至100	加至100	加至100
2-羟基-4-甲氧基-二苯基酮-5-磺酸	1.2	2.4	2

续表

原料	配比(质量份)		
	1#	2#	3#
山梨糖醇	4.2	5.8	5
丙二醇	3.2	4.4	4
酒精	32	44	38
三乙醇胺	58.4	42.4	50
玫瑰油	1	1	1

制备方法 在具有搅拌功能的容器中，先后加入去离子水、2-羟基-4-甲氧基-二苯基酮-5-磺酸、山梨糖醇、丙二醇、酒精、三乙醇胺，至少搅拌5min以上，加入玫瑰油，再搅拌1min，即获得最终产品。

原料配伍 本品各组分质量份配比范围为：酒精32～44，山梨糖醇4.2～5.8，2-羟基-4-甲氧基-二苯基酮-5-磺酸1.2～2.4，三乙醇胺42.4～58.4，丙二醇3.2～4.4，玫瑰油1，水加至100。

产品应用 本品主要可以在皮肤上形成一层保护膜。

产品特性 本品不但可以防止紫外线，还兼有清凉感、不油腻、易水洗的特点。

配方 15 防晒油

原料配比

原料	配比(质量份)		
	1#	2#	3#
二甲基硅油	20	18	19
凡士林	37.5	35.5	36.5
橄榄油	36	39	38
水杨酸苄酯	6	7	6
薄荷油	0.5	0.5	0.5

制备方法 选取二甲基硅油、凡士林、橄榄油、水杨酸苄酯和薄荷油，将各组分（除薄荷油）放入容器内，搅拌使其充分混溶，再加热至60～80℃，然后加入薄荷油搅匀，经过滤便制成产品。

原料配伍 本品各组分质量份配比范围为：二甲基硅油18～20，凡士林35.5～37.5，橄榄油36～39，水杨酸苄酯6～7和薄荷油0.5。

产品应用 本品是一种能够有效防止紫外线侵害的防晒油，有防水性较好、易涂展等优点，使用时只要取少量本产品涂抹在皮肤上即可。

产品特性 本品具有对皮肤无刺激、无毒性及无过敏性，自身稳定性好，在阳光下不分解、气味清新等特点。

配方 16 防水型气溶胶防晒霜

原料配比

原料	配比(质量份)		
	1#	2#	3#
变性乙醇	45	40	43
氨甲基丙醇	0.5	0.35	0.4
甲氧基肉桂酸辛酯	10	7.5	8
氨茴酸甲酯	6	4	5
环甲基硅氧烷	4	3	3
生育酚乙酸酯	0.8	0.5	0.7
二甲醚	35	30	33
去离子水	加至100	加至100	加至100

制备方法 把专用变性乙醇与氨甲基丙醇混合直至完全的程度，加入除二甲醚以外的其他组分，继续混合至完全的程度，过滤并加进二甲醚，即可灌装。

原料配伍 本品各组分质量份配比范围为:变性乙醇40～45，氨甲基丙醇0.35～0.5，甲氧基肉桂酸辛酯7.5～10，氨茴酸甲酯4～6，环甲基硅氧烷3～4，生育酚乙酸酯0.5～0.8，二甲醚30～35，去离子水加至100。

产品应用 本品是一种有明显抵抗紫外线照射的防晒霜，并且有补水营养效果，不刺激皮肤，使用方便。

产品特性 本品是用无毒水溶性高分子材料制成的防晒霜，其性质稳定，温度稳定性好，对皮肤无刺激性，可以直接涂于面部，能够吸收紫外线，防止皮肤晒伤，并且能够抵抗大量水冲刷。

配方 17 葛藤防晒乳液

原料配比

原料	配比(质量份)	
	1#	2#
葛藤乙醇提取物	7	4
聚氧乙烯失水山梨醇单硬脂酸酯	3	1
硬脂酸	0.8	0.5
山嵛醇	0.9	0.5
角鲨烷	11	9
氢化大豆磷脂	0.8	0.5
棕榈酸视黄醇酯	0.8	0.5
胎盘提取物	7	5
防腐剂	0.3	0.1
羧乙烯聚合物	0.2	0.1
乙醇	8	5
香精	0.5	0.1
蒸馏水	加至100	加至100

制备方法 将各组分溶于水制成乳液。

原料配伍 本品各组分质量份配比范围为：葛藤乙醇提取物4～7，聚氧乙烯失水山梨醇单硬脂酸酯1～3，硬脂酸0.5～0.8，山嵛醇0.5～0.9，角鲨烷9～11，氢化大豆磷脂 0.5～0.8，棕榈酸视黄醇酯 0.5～0.8，胎盘提取物 5～7，防腐剂 0.1～0.3，羧乙烯聚合物 0.1～0.2，乙醇 5～8，香精 0.1～0.5，蒸馏水加至 100。

产品应用 本品主要用作防晒乳液。

产品特性 本品含有 13 种人体必需的氨基酸和钙、锗、硒、锌等微量元素，特别含有葛根素、黄豆苷等异黄酮类物质，有独特的清热除燥功效，能够有效地抵抗阳光，防止皮肤晒伤，具有防止紫外线伤害，活化细胞，抗氧化，保湿的作用。

配方 18 含黄连防晒成分的防晒霜

原料配比

原料	配比(质量份)	原料	配比(质量份)
黄连提取物	0.2	硬脂酸	4
聚氧乙烯(2)硬脂醇醚	1	肌酸	0.5
聚氧乙烯(21)硬脂醇醚	2	乙醇	1
霍霍巴油	4	尼泊金甲酯	0.2
十六十八醇	3	水	加至 100
单硬脂酸甘油酯	2.5		

黄连提取物制备方法

(1) 称取干燥后的黄连粉末，放入容器中，加入乙醇和水的混合溶液，所述乙醇和水的混合溶液中 V（乙醇）：V（水）＝1：1，黄连粉末与混合溶液的质量体积比＝1.0g：150mL；

(2) 将上述黄连粉末和混合溶液在 90℃下加热回流 2h，趁热抽率，弃渣；

(3) 将滤液倒入容器中，加入碳粉搅拌脱色，过滤；

(4) 将提取液冷冻干燥得到黄连提取物的固体粉末。

防晒霜制备方法

(1) 将聚氧乙烯（2）硬脂醇醚、聚氧乙烯（21）硬脂醇醚、霍霍巴油、十六十八醇、单硬脂酸甘油酯、硬脂酸混合后加热至 90℃搅拌溶解作为 A 相保温备用；

(2) 将肌酸溶于去离子水中，加热至 90℃作为 B 相保温备用；

(3) 将冷冻干燥后的黄连提取物的固体粉末加水和适量乙醇溶解，作为 C 相备用；

(4) 控制温度相同，在均质机搅拌状态下，将 B 相缓慢加入 A 相，同时用均质机继续均质 3min；

(5) 控制温度在 75～80℃保温搅拌消泡；

(6) 当体系降温至 45℃时，加入 C 相，同时加入尼泊金甲酯，继续缓慢搅拌，室温时出料，得到所述防晒霜。

原料配伍　本品各组分质量份配比范围为：黄连提取物0.1～2.5，聚氧乙烯（2）硬脂醇醚0.5～5，聚氧乙烯（21）硬脂醇醚0.5～5，霍霍巴油2～8，十六十八醇1～4，单硬脂酸甘油酯2～4，硬脂酸3～5，肌酸0.2～1，乙醇0.2～2，尼泊金甲酯0.2～2，水加至100。

产品应用　本品是含有天然黄连防晒成分的防晒霜。

产品特性　与传统的有机合成紫外光吸收剂相比，本品的天然植物防晒成分具有刺激性低，副作用少，更加安全、可靠的优点，可避免传统有机防晒剂对人体皮肤的刺激和过敏现象。

配方19　含牡蛎壳粉的海洋药物美容防晒霜

原料配比

原料	配比(质量份)	原料	配比(质量份)
硬脂酸	2	吐温-80	适量
单硬脂酸甘油酯	5	牡蛎壳粉	0.5
液体石蜡	15	维生素E	1
甘油	6	香料	适量
红树林植物提取液	1	去离子水	加至100

制备方法

（1）将硬脂酸、单硬脂酸甘油酯和防腐剂混合，加热到75℃，搅拌溶解，作为A相；

（2）将液体石蜡、甘油、红树林植物提取液、吐温-80混合搅拌，做为B相；

（3）将B相加入到A相中，升温至90℃，保持10min后降温至65℃，再加入去离子水混合，用电动搅拌器迅速搅拌，保持65℃20min，降温到50℃时加入维生素E，激烈搅拌使之充分乳化，冷却至40℃，加入牡蛎壳粉，迅速搅拌后再加入香料，继续搅拌30min，直至把气泡全部赶走后冷却至室温即成。

原料配伍　本品各组分质量份配比范围为：硬脂酸2～4，单硬脂酸甘油酯4～6，防腐剂适量，液体石蜡13～15，甘油6～8，红树林植物提取液1～3，吐温-80适量，牡蛎壳粉0.5～1，维生素E 0.5～1，香料适量，去离子水加至100。

产品应用　本品主要用作防晒霜。

产品特性　本品含有红树林的提取物黄酮类化合物，具有很强的紫外吸收能力，是一种安全高效的海洋植物防晒剂，牡蛎壳粉高含碳酸钙，是一种能遮断长波紫外线的天然的海洋散射紫外线药。

配方 20 含天然防晒成分的防晒霜

原料配比

原料		配比(质量份)		
		1#	2#	3#
A 组分	GTCC(辛酸/癸酸甘油三酯)	8	10	12
	硬脂酸	4	3.5	2
	十六十八醇	5	6	3
	棕榈酸异丙酯	4	2.5	6
	单硬脂酸甘油酯	1	1.2	1.6
	尼泊金丙酯	0.1	0.1	0.1
B 组分	天然植物成分	5	8	10
	甘油	5	6	8
	CPK(鲸蜡醇醚磷酸酯钾盐)	2	2.3	2.4
	尼泊金甲酯	0.1	0.1	0.1
天然植物成分	葡萄叶	0.4	0.5	0.6
	桂花	0.5	0.38	0.25
	绿茶	0.1	0.12	0.15
去离子水		加至 100	加至 100	加至 100

制备方法 首先制备含葡萄叶、桂花、绿茶的天然植物成分提取物。

将葡萄叶用 50%乙醇浓度浸溶提取温度为 60℃，固液比为 1∶50，回流时间为 2.0h，趁热过滤，过滤液减压蒸馏浓缩后，再用活性炭脱色处理 30min，得提取物待用。

将桂花用 60%的乙醇浸溶，固液比为 1∶50，浸提温度为 60℃，回流 2h，趁热过滤，过滤液减压蒸馏进行浓缩，得提取物待用。

将绿茶在 75℃水浴中浸提 2h，固液比为 1∶50，滤液经真空浓缩，再用活性炭脱色处理 30min，得提取物待用。

防晒霜的制备：将 A 组分加热至 85℃左右溶解，B 组分加热至 80℃左右溶解，然后边搅拌边将 B 组分加入至 A 组分中，再搅拌加入去离子水，继续快速搅拌至完全乳化，冷却，即得含天然防晒成分的防晒霜。防晒霜为乳黄色细腻膏状，其防晒指数为 7。

原料配伍 本品各组分质量份配比范围为：辛酸/癸酸甘油三酯 8～12，硬脂酸 2～4，十六十八醇 3～6，棕榈酸异丙酯 2.5～6，单硬脂酸甘油酯 1～1.6，尼泊金丙酯 0.1，天然植物成分 5～10，甘油 5～8，鲸蜡醇醚磷酸酯钾盐 2～2.4，尼泊金甲酯 0.1，去离子水加至 100。

天然植物成分由葡萄叶 0.4～0.6，桂花 0.25～0.5，绿茶 0.1～0.15 混合组成。

产品应用 本品对中、长波紫外线均有较强的吸收性能，能有效地防止紫外线对皮肤的辐射，而且不产生刺激过敏等不良反应。

产品特性　天然配方防晒霜除了对人体皮肤有抗紫外线辐射作用外，还具有保护、修复、抗过敏、抗炎、保湿、抗氧化损伤等作用，而且添加了天然提取物，具有功效持久稳定、作用温和、副作用小等优点。

配方 21　含天然植物防晒成分的防晒乳

原料配比

原料		配比(质量份)		
		1#	2#	3#
A组分	液体石蜡	7	10	5
	十八醇	5	6	8
	硬脂酸	3.5	5	6
	月桂醇硫酸酯钠	1.2	0.8	0.6
	尼泊金甲酯	0.1	0.15	0.2
B组分	甘油	9	7	6
	中药成分	1	2	3
	香精	0.3	0.4	0.5
	尼泊金丙酯	0.1	0.15	0.2
去离子水		60.8	68.5	70.5

其中，中药成分组成如下：

槐米	0.2	0.3	0.25
金银花	0.6	0.5	0.65
牡丹	0.2	0.2	0.1

制备方法

(1) 首先由槐米、金银花、牡丹制备中药成分。将槐米、金银花、牡丹分别用60%的乙醇浸溶，回流2h，趁热分别过滤，过滤液减压蒸馏，得提取物即中药成分待用。

(2) 将A组分和B组分分别加热至80℃左右溶解；边搅拌边将B组分加入至A组分中，再搅拌加入去离子水。

(3) 继续快速搅拌至完全乳化；冷却后即得含天然植物防晒成分的防晒乳。

(4) 防晒霜为乳黄色细腻膏状，其防晒指数为8～17。

原料配伍　本品各组分质量份配比范围为：液体石蜡5～10，十八醇3～8，硬脂酸3.5～6，月桂醇硫酸酯钠0.6～1.2，尼泊金甲酯0.1～0.2，甘油6～9，中药成分1～3，香精0.3～0.5，尼泊金丙酯0.1～0.2，去离子水60.8～70.5。

所述中药成分由0.15～0.3槐米，0.5～0.75金银花和0.1～0.2牡丹混合组成。

产品应用 本品主要用作防晒化妆品。

产品特性 本品主要具有显著的抗氧化作用，能抑制过氧化脂质的生成，清除自由基，保护皮肤细胞不受氧自由基过度氧化的影响，因此具有抗菌、消炎和抗辐射作用，可调节毛细血管壁的渗透作用，能降低血管的脆性，从而延长皮肤细胞寿命，增强抗衰老的能力。金银花能提高机体内抗氧化酶的活性，减少自由基对机体的损伤，减少脂质过氧化物和丙二醛的产生，防止脂褐素的形成。

配方 22 含珍珠水解液脂体的防晒霜

原料配比

原料	配比(质量份)		
	1#	2#	3#
4-甲氧基肉桂酸-2-乙基己酯	6	12	5
辛酸/癸酸甘油三酯	4	8	3
二甲基硅油	4	8	3
叔丁基甲氧基二苯酰甲烷	2	4	3
3,4′-甲基亚苄基樟脑	2	4	1
二氧化钛	2	4	2
苯氧乙醇	0.4	1	0.3
复合乳化蜡	3.5	8	3
聚甘油丙烯酸酯	5	8	5
聚乙二醇(7)甘油醚	5	9	4
聚丙烯酸	3	6	2
珍珠水解液脂质体	2	6	5
香精	0.2	0.4	0.2
咪唑烷基脲	0.3	0.6	0.4
去离子水	60	120	63

制备方法

(1) 按配方量取4-甲氧基肉桂酸-2-乙基己酯、辛酸/癸酸甘油三酯、二甲基硅油、叔丁基甲氧基二苯酰甲烷、3,4′-甲基亚苄基樟脑、二氧化钛、苯氧乙醇、复合乳化蜡、聚甘油丙烯酸酯、聚乙二醇（7）甘油醚、聚丙烯酸、珍珠水解液脂质体、香精、咪唑烷基脲和去离子水。

(2) 将4-甲氧基肉桂酸-2-乙基己酯、辛酸/癸酸甘油三酯、二甲基硅油、叔丁基甲氧基二苯酰甲烷、3,4′-甲基亚苄基樟脑、二氧化钛、苯氧乙醇、复合乳化蜡混合搅拌并加热至70～85℃，保温15～25min得油相混合物；将聚甘油丙烯酸酯、聚乙二醇（7）甘油醚、聚丙烯酸、去离子水加入乳化锅搅拌并加热至70～85℃，保温15～25min得水相混合物。

(3) 将油相混合物缓慢加入水相混合物中，快速搅拌高速均质6～10min，冷却至50～60℃，加入珍珠水解液脂质体、香精、咪唑烷基脲，搅拌冷却至室温出料得成品。

原料配伍 本品各组分质量份配比范围为：4-甲氧基肉桂酸-2-乙基己酯3～12，辛酸/癸酸甘油三酯3～8，二甲基硅油2～8，叔丁基甲氧基二苯酰甲烷1～4，3,4'-甲基亚苄基樟脑1～4，二氧化钛1～4，苯氧乙醇0.3～1，复合乳化蜡2～8，聚甘油丙烯酸酯3～8，聚乙二醇（7）甘油醚3～9，聚丙烯酸1～6，珍珠水解液脂质体1～6，香精0.1～0.4，咪唑烷基脲0.2～0.6，去离子水60～120。

产品应用 本品是一种含珍珠水解液脂质体成分的防晒霜。

产品特性 本品促进肌肤再生，修复受损肌肤，保湿滋润，达到防晒美白双重效果。

配方23 芦丁防晒霜

原料配比

原料	配比(质量份)		
	1#	2#	3#
芦丁提取液	15	25	20
单硬脂酸甘油酯	6	10	8
十六醇	10	15	13
硬脂酸	15	20	18
凡士林	2	4	3
维生素C	0.2	0.4	0.3
维生素E	2	4	3
甘油	2	4	3
十二烷基硫酸钠	1	3	2
对羟基苯甲酸甲酯	0.2	0.4	0.3
对羟基苯甲酸乙酯	0.1	0.3	0.2
硼砂	3	5	4
香精	0.1	0.3	0.2
蒸馏水	40	45	43

制备方法

（1）芦丁提取液的制备：将苦荞皮壳（因皮壳含芦丁较多）清洗晒干，经粉碎机粉碎后，过80目筛网；在粉碎的苦荞皮壳中加入沸水浸泡，共三次，每次1h；三次提取液合并，移入减压的蒸馏瓶中蒸馏浓缩，冷却后向浓缩液中加入异丙醇；搅拌后静置使蛋白质和黑色胶状物沉淀，过滤；取滤液再加入蒸馏水继续蒸馏，回收异丙醇，滤液冷却即产生芦丁结晶；收集粗品结晶芦丁，用热乙醇溶解，过滤，收集滤液，加入硅胶粉除去红褐色色素后即得芦丁提取液。

（2）芦丁防晒霜的制备：按配方量要求将芦丁提取液、单硬脂酸甘油酯、十六醇、硬脂酸、凡士林、维生素C、维生素E、甘油、十二烷基硫酸钠、对羟基苯甲酸甲酯、对羟基苯甲酸乙酯、砂及香精加入蒸馏水中，搅拌溶解均匀。

(3) 将步骤 (2) 制得的混合物溶液用乳化机喷射乳化，冷却至室温即得成品。

原料配伍 本品各组分质量份配比范围为：芦丁提取液 15～25，单硬脂酸甘油酯 6～10，十六醇 10～15，硬脂酸 15～20，凡士林 2～4，维生素 C 0.2～0.4，维生素 E 2～4，甘油 2～4，十二烷基硫酸钠 1～3，对羟基苯甲酸甲酯 0.2～0.4，对羟基苯甲酸乙酯 0.1～0.3，硼砂 3～5，香精 0.1～0.3，蒸馏水 40～45。

产品应用 在去野外作业或旅游前，将本品涂抹于手、脸等裸露部分，可防止太阳紫外线的曝晒。平时，本品亦可用于祛除脸部色斑，使用时将本品涂抹在有色斑的地方。

产品特性 本品中的芦丁具有抗毛细血管脆性和异常的渗透性，并对紫外光线有极强的吸收作用。

配方 24 耐水防晒油

原料配比

原料	配比(质量份)	
	1#	2#
失水山梨糖醇倍半油酸酯	2	2.2
羊毛脂	0.5	0.6
椰子油	0.5	0.7
可可脂	0.4	0.5
橄榄油	0.5	0.8
杏仁油	0.4	0.6
澳洲坚果油	0.25	0.3
芦荟萃取液	0.2	0.24
维生素 E 乙酸酯	0.1	0.12
安息香酸	0.2	0.22
辛基二甲基对氨基苯甲酸	3	3.2
香精	0.4	0.5
特浓矿物油	加至 100	加至 100

制备方法 将各组分混合均匀即可。

原料配伍 本品各组分质量份配比范围为：失水山梨糖醇倍半油酸酯 2～2.2，羊毛脂 0.5～0.6，椰子油 0.5～0.7，可可脂 0.4～0.5，橄榄油 0.5～0.8，杏仁油 0.4～0.6，澳洲坚果油 0.25～0.3，芦荟萃取液 0.2～0.24，维生素 E 乙酸酯 0.1～0.12，安息香酸 0.2～0.22，辛基二甲基对氨基苯甲酸 3～3.2，香精 0.4～0.5，特浓矿物油加至 100。

产品应用 本品主要用作防晒油，可直接涂抹，能够有效地吸收紫外线。

产品特性 本品能够有效地吸收紫外线，防止皮肤晒伤，并有一定的修复作用，有很好的耐水性，能抵抗汗水和普通水的冲刷。

配方 25　强效防晒乳液

原料配比

原料		配比(质量份)	
		1#	2#
A相	丙烯酸酯-丙烯酸烷基交联聚合物	0.3	0.4
	辛酸十六烷基十八烷基酯	15	18
B相	甲氧基肉桂酸辛酯	7	8
	聚氧乙烯(40)氢化蓖麻油异硬脂酸酯	0.5	0.7
	二苯甲酮-3	3	5
C相	甘油	3	4
	乙二胺四乙酸钠	0.03	0.05
	二苯甲酮-4	2	4
	多分子增稠剂	0.5	0.6
	蒸馏水	加至100	加至100
D相	三乙醇胺	1.7	1.9
E相	香精	0.2	0.2

制备方法　分别制备A相与B相，把A相在搅拌中加入B相，然后加入C相，在一均化器中搅拌均质化，加入D相中和，搅拌均匀后添加E相，混合均匀即可。

原料配伍　本品各组分质量份配比范围为：丙烯酸酯-丙烯酸烷基交联聚合物0.3～0.4，辛酸十六烷基十八烷基酯15～18，甲氧基肉桂酸辛酯7～8，聚氧乙烯（40）氢化蓖麻油异硬脂酸酯0.5～0.7，二苯甲酮-3 3～5，甘油3～4，乙二胺四乙酸钠0.03～0.05，二苯甲酮-4 2～4，多分子增稠剂0.5～0.6，蒸馏水加至100，三乙醇胺1.7～1.9，香精0.2。

产品应用　本品是一种能够强效吸收紫外线，防止皮肤晒伤的防晒乳液。

产品特性　本品可以直接涂于面部，能够强效吸收紫外线，防止皮肤晒伤。

配方 26　适用于粉刺皮肤的美白防晒霜

原料配比

原料	配比(质量份)	原料	配比(质量份)
甘草提取物	3～8	TiO_2	12～25
薄荷油	1～3	水杨酸辛酯	8～15
沙棘油	5～8	羟乙基纤维素	10～15
果酸	1～3	香精、防腐剂	0.2～0.5
大黄提取物	5～6	白油	8.5～49.8
霍霍巴油	5～8		

制备方法 在常温下把配方原料混合，加热至完全熔化后，充分混合均匀，降至常温即可。

原料配伍 本品各组分质量份配比范围为：甘草提取物3～8，薄荷油1～3，沙棘油5～8，果酸1～3，大黄提取物5～6，霍霍巴油5～8，TiO_2 12～25，水杨酸辛酯8～15，羟乙基纤维素10～15，香精、防腐剂0.2～0.5，白油8.5～49.8。

产品应用 本品主要用作防晒霜。

产品特性 本品特别适用于粉刺皮肤的防晒，对晒伤具有良好的修复功效，可减少粉刺的皮损疤痕。

配方27 丝胶美白防晒乳液

原料配比

原料	配比(质量份)		
	1#	2#	3#
去离子水	69.35	69.55	69.95
甘油	8	8	7
4-甲氧基肉桂酸-2-乙基己基酯	5	4	4
硬脂酸	2.5	2	1.5
丝胶蛋白	2	3	4
甘油硬脂酸酯	2	2	2
硬脂醇	2	2	2
肉豆蔻酸异丙酯	2	2	2
辛酸/癸酸甘油三酯	1.8	1.5	1.5
矿油	1.8	2	2
二苯甲酮-3	1.5	2	2
C_{12}～C_{13}烷基硫酸钠	0.5	0.6	0.5
月桂醇聚醚-20	0.5	0.5	0.6
尿囊素	0.3	0.3	0.3
香精	0.3	0.1	0.2
对羟基苯甲酸丁酯	0.2	0.2	0.2
对羟基苯甲酸乙酯	0.2	0.2	0.2
羟乙基纤维素	0.05	0.05	0.05

制备方法

(1) 选用丝胶茧壳加入到Na_2CO_3溶液中，加温并搅拌，使其充分溶解制备成丝胶蛋白液；

(2) 称取羟乙基纤维素，在搅拌下加到去离子水中分散均匀后，加入甘油、C_{12}～C_{13}烷基硫酸钠、尿囊素、对羟基苯甲酸乙酯于水相锅中加温，搅拌溶解成水溶性原料；

(3) 称取4-甲氧基肉桂酸-2-乙基己基酯、硬脂酸、甘油硬脂酸酯、硬脂醇、辛酸/癸酸甘油三酯、矿油、二苯甲酮-3、月桂醇聚醚-20、对羟基苯甲酸丁酯，投入油相锅中混合后加温，搅拌熔化成油溶性原料；

(4) 将第 (2) 步中的水溶性原料、第 (3) 步中的油溶性原料转移至已预热的均质乳化锅中，然后加入肉豆蔻酸异丙酯以及第 (1) 步中的丝胶蛋白液，开启乳化锅中的均质乳化器，抽真空并均质乳化；

(5) 开启乳化锅中的搅拌器和夹套中的冷却水，搅拌并冷却后加入香精，搅拌均匀，出料。

原料配伍 本品各组分质量份配比范围为：去离子水 69.35～69.95，甘油6～8，4-甲氧基肉桂酸-2-乙基己基酯 4～5，硬脂酸 1.5～2.5，丝胶蛋白 2～5，甘油硬脂酸酯 1～2，硬脂醇 1～2，肉豆蔻酸异丙酯 2～3，辛酸/癸酸甘油三酯1～2，矿油 1～2，二苯甲酮-3 1～2，C_{12}～C_{13} 烷基硫酸钠 0.5～1，月桂醇聚醚-20 0.5～1，尿囊素 0.3～0.5，香精 0.1～0.3，对羟基苯甲酸丁酯 0.1～0.3，对羟基苯甲酸乙酯 0.1～0.3，羟乙基纤维素 0.05～0.1。

产品应用 本品主要用作防晒化妆品。

产品特性 本品能够预防紫外线对皮肤的伤害作用，减少皮肤出现皱纹和皮肤老化。

配方 28 添加天然营养物质的防晒膏

原料配比

原料	配比(质量份)	原料	配比(质量份)
红景天提取液	3～8	TiO_2	12～25
芦荟凝胶	5～8	三乙醇胺	0.1～0.3
果酸	1～3	羟乙基纤维素	10～15
蜂蜡	5～6	香精、防腐剂	0.2～0.5
白油	5～8	去离子水	11.2～50.7
水杨酸辛酯	8～15		

制备方法 在常温下把配方原料混合，加热至完全熔化后，充分混合均匀，降至常温即可。

原料配伍 本品各组分质量份配比范围为：红景天提取液 3～8，芦荟凝胶5～8，果酸 1～3，蜂蜡 5～6，白油 5～8，水杨酸辛酯 8～15，TiO_2 12～25，三乙醇胺 0.1～0.3，羟乙基纤维素 10～15，香精、防腐剂 0.2～0.5，去离子水 11.2～50.7。

产品应用 本品是一种兼有护肤作用的防晒膏，对晒伤具有良好的修复功效。

产品特性 本品对皮肤无刺激性，使用后明显感到舒适、柔软，无油腻感，具有明显的防晒美白效果，对晒伤具有良好的修复功效。

配方 29　珍珠胶原蛋白防晒化妆品

原料配比

原料	配比(质量份)			
	1#	2#	3#	4#
珍珠胶原蛋白	5	3	2	3
透明质酸	0.1	0.2	0.15	0.2
无花果苷	0.25	0.35	0.45	0.55
甘油	4	5	4	5
羧甲基纤维素钠	3.75	2.75	1.25	1
柠檬酸	0.6	0.5	0.7	0.7
山梨酸钾	10.6	1	0.8	0.7
乙二胺四乙酸二钠	0.1	0.3	0.3	0.4
十六醇	3	5	6	7
单硬脂酸甘油酯	3.5	4	3.5	4
硬脂酸	6	6	3	3
尼泊金甲酯	0.035	0.04	0.035	0.04
苯乙醇	0.5	0.5	0.5	0.5
十二烷基磺酸钠	1	1	1	1
软水	73.265	70.36	76.315	72.91

制备方法

(1) 将乙二胺四乙酸二钠加入软水中，在搅拌机上溶解，加温至60℃，顺次加入山梨酸钾、柠檬酸、苯乙醇、无花果苷、甘油，搅拌溶解，升温至75℃维持30min，得到溶液①。

(2) 将溶液①降温至60℃，加入十二烷基磺酸钠，搅拌至完全溶解，再将透明质酸、单硬脂酸甘油酯、十六醇、硬脂酸、尼泊金甲酯依次加入其中，搅拌至溶解，升温至95℃，搅拌保温30min，得到溶液②。

(3) 将羧甲基纤维素钠和珍珠胶原蛋白与定量的室温软水混合，使羧甲基纤维素钠充分吸水，珍珠胶原蛋白完全溶解，得到溶液③。

(4) 将溶液②降温至75℃，与溶液③混合，用均质机均质后，真空脱气，放置老化12h，无菌分装制得产品。

原料配伍　本品各组分质量份配比范围为：珍珠胶原蛋白1～6，透明质酸0.1～0.5，无花果苷0.25～0.6，甘油1～5，羧甲基纤维素钠1～3.75，柠檬酸0.5～0.8，山梨酸钾0.1～10.6，乙二胺四乙酸二钠0.1～0.5，十六醇3～8，单硬脂酸甘油酯3.5～5.5，硬脂酸3～6.5，尼泊金甲酯0.035～0.05，苯乙醇 0.5～2.5，十二烷基磺酸钠 0.8～1，软水 70.36～76.315。

产品应用 本品主要用作防晒化妆品。

产品特性 本品主要显著优点是能有效阻挡紫外线对皮肤的直接照射，有效吸收紫外线，减少紫外线对黑色素细胞的刺激，从根本上抑制或减少黑色素的形成，防止黑色素沉积，促进皮肤颗粒层和棘层细胞的代谢，增强皮肤弹性。珍珠胶原蛋白与无花果苷的复合使用可增强化妆品的防晒美白功能。

第七章
化妆水
Chapter 07

第一节　化妆水配方设计原则

一、化妆水的特点

化妆水是专门用于日常皮肤保养的化妆品，其主要作用是保湿、清洁、杀菌、消毒等，所用原料大多数是与保湿、滋润有关的油脂和多元醇，不使用治疗性药物或者其他营养物质。不同使用目的和场合的化妆水，其所用原料和用量存在一定差异。

二、化妆水的分类及配方设计

护理性化妆水配方中经常使用的原料性能及选用原则分述如下。

（1）溶剂

化妆水是水剂型的产品，水当然是主要的溶剂，其主要作用是溶解、稀释其他原料，补充皮肤水分。但是作为润肤原料的物质，如油脂等一般都不溶于水，加入水中会出现浑浊和分层现象。所以除了水，一定要有其他有机溶剂帮助溶解，而且这种溶剂应该具有油、水两溶性，以便得到均相产品。乙醇就是化妆水里使用的主要有机溶剂，而且用量较大。其主要作用是溶解其他水不溶性成分，且具有杀菌、消毒功能，赋予制品用于皮肤后清凉的感觉。另外异丙醇也可用作上述目的。

化妆水一般是完全透明的产品，里面的任何瑕疵都无法隐藏，而且溶剂的用量很大，所以对溶剂质量要求很高。化妆水特别不能有钙、镁离子，否则日久将产生絮状沉淀物，所使用的水要去离子水；所使用的乙醇应不含低沸点的乙醛、丙醛及较高沸点的戊醇、杂醇油等杂质，一定要进行净化预处理。乙醇的质量与生产乙醇的原料有关：用葡萄为原料经发酵制得的乙醇，质量最好，无杂味，但成本高，适合于制造高档香水；采用甜菜糖和谷物等经发酵制得的乙醇，质量也比较好，杂醇的含量不高，适合于制造化妆水；而用山芋、土豆等经发酵制得的乙醇中含有一定量的杂醇油，气味不及前两种方法制得的乙醇，不能直接使用，必须经过加工精制。乙醇的处理方法是：在乙醇中加入1%的氢氧化钠，煮沸回流数小时后，再将乙醇分馏出来。

（2）保湿剂和润肤剂

保湿剂的主要作用是保持皮肤角质层适宜的水分含量，降低产品的凝固点，同时也是溶解油性原料的溶剂。常用的保湿剂多数是多元醇和有机酸，如甘油、丙二醇、1,3-丁二醇、聚乙二醇、山梨醇以及氨基酸类、吡咯烷酮羧酸盐及乳酸盐等。润肤剂的主要作用是补充皮肤表面过度流失的油脂，滋润干燥的皮肤，防止出现粗糙开裂的情况。蓖麻油、橄榄油、高级脂肪酸等不仅是良好的皮肤滋润剂，而且还具有一定的保湿和改善使用感的作用。

（3）增溶剂（表面活性剂）

尽管几乎所有的化妆水里都含有乙醇，可以溶解部分油性成分，但用量受到产品形态和使用目的限制，一般不宜超过30%。在这种浓度下，非水溶性的香料、油脂等原料不能很好地溶解，影响制品的外观和性能，因此需要使用其他增溶剂解决。表面活性剂就是最合适的增溶剂。利用表面活性剂在水中形成胶团的特性和对溶质的增溶作用，不仅可以更多地在化妆水中添加油性物质，提高产品的滋润作用，而且能利用少量的香料发挥良好的赋香效果，保持制品的清晰透明。作为增溶剂，一般使用的是亲水性强的非离子表面活性剂，主要是吐温类O/W型表面活性剂，如聚氧乙烯油醇醚、聚氧乙烯失水山梨醇脂肪酸酯、聚氧乙烯氢化蓖麻油等，同时这些表面活性剂还具有洗净作用，帮助清洁皮肤。在化妆水配方中应避免选用脱脂力强、刺激性大的阴离子型表面活性剂。

（4）杀菌剂（表面活性剂）

护理性的化妆水都要求具备杀灭细菌和螨虫的功效，防止皮肤感染，避免产生粉刺和暗疮。化妆水里的乙醇有杀菌作用，可惜浓度远远达不到75%的最佳浓度，杀菌力打了折，配方里还需要增加其他专门的杀菌剂。常用的杀菌剂是季铵盐类阳离子型表面活性剂，如十六烷基三甲基溴化铵、十二烷基二甲基苄基氯化铵等，与聚氧乙烯类非离子型表面活性剂一起使用没有冲突。另外硼酸以及乳酸、水杨酸等小分子有机酸也都具有杀菌作用。另外，水是最容易滋生微生物的地方，含有营养的化妆水更容易感染霉菌，存放时间长就会腐败变质。季铵盐类阳离子型表面活性剂同时也是非常好的防霉剂，可以保障化妆水自身不发生霉变，保证产品质量。

（5）其他辅助原料

化妆水是一种商品，是商品就要有吸引力和使用的舒适感。这要靠在配方里添加其他辅助原料解决。化妆水中除上述主要原料外，为赋予制品令人愉快舒适的香气，香精是必不可少的；为赋予制品用后清凉的感觉，可以加入薄荷脑；为防止金属离子形成不溶解的沉淀物，加入金属离子螯合剂如EDTA等是必要的；为减少产品流动性，使用时有良好的手感，加入一些增黏剂如天然胶或合成水溶性高分子化合物等是有益的；为赋予制品艳丽的外观而加入色素；为防止制品褪色或赋予制品防晒功能可加入紫外线吸收剂等。

洁肤用化妆水是以清洁皮肤为目的的化妆用品，尤其适合卸除脸上淡妆时使用。有些化妆品对皮肤的附着力强，甚至深入毛孔，难以用水或纸巾清除干净，必须采用洁肤专用的化妆水。因此，洁肤用化妆水配方要考虑添加具有洗净力的原料，即表面活性剂。上面已经谈到，洁肤用化妆水所用的表面活性剂脱脂力不能过强，以非离子型表面活性剂及两性表面活性剂为宜，这些物质即使残留在皮肤上也不会对皮肤造成损伤。

洁肤用化妆水不仅具有洁肤作用，而且还应该具有保湿功效。配方中的乙醇、多元醇除了作为溶剂之外也兼有一定程度的洁肤保湿功效。洁肤用化妆水中乙醇和表面活性剂的用量较多，制品大多呈弱碱性。

羟乙基纤维素是水溶性高分子材料，可以增加产品的黏稠度，改善产品外观和使用时的润滑感。

第二节　化妆水配方实例

配方1　半透明化妆水

原料配比

原料		配比(质量份)								
		1#	2#	3#	4#	5#	6#	7#	8#	9#
防腐剂		0.2	2	0.5	0.4	0.5	0.8	0.7	1.6	1.1
辅助基质		30	1.5	10	6	25	13	20	1.5	10
极性油脂	肉豆蔻酸异丙酯	0.6	—	—	—	—	—	0.1	—	—
	棕榈酸异丙酯	—	0.01	—	—	0.2	0.2	—	—	—
	甘油三乙基己酸酯	—	—	0.1	—	—	—	—	—	0.08
	生育酚乙酸酯	—	—	—	—	—	—	0.02	0.02	—
	柠檬酸三乙酯	—	—	—	—	0.2	—	—	—	—
	辛酸/癸酸甘油三酯	—	—	—	0.5	—	0.2	—	0.1	—
	生育酚乙酸酯	—	—	0.1	—	—	—	—	—	—
非极性油脂	异构十六烷	—	—	—	—	—	0.15	—	—	—
	凡士林	—	—	—	—	—	—	0.04	—	—
	液体石蜡	—	—	—	—	—	—	—	0.1	—
	氢化聚异丁烯	—	—	—	—	—	0.05	—	—	—
	氢化聚癸烯	—	—	—	—	—	—	—	—	0.02

续表

原料		配比(质量份)								
		1#	2#	3#	4#	5#	6#	7#	8#	9#
表面活性剂(a)	PEG-20 甲基葡糖倍半硬脂酸酯	1	—	—	—	—	—	—	—	—
	PEG-60 氢化蓖麻油	—	0.1	—	—	—	—	0.2	—	0.1
	硬脂醇聚醚-21	—	—	—	0.8	—	—	0.1	0.4	—
	油醇聚醚-20	—	—	—	—	—	0.8	—	—	0.05
	甘油硬脂酸酯柠檬酸酯	—	—	0.4	—	—	—	—	—	—
	聚甘油-3-甲基葡糖二硬脂酸酯	—	—	—	0.2	0.9	—	—	—	—
橄榄油		—	—	—	—	—	—	—	0.1	—
表面活性剂(b)	油醇聚醚-2	—	—	—	—	—	0.2	—	—	—
	山梨醇酐倍半油酸酯	0.5	—	—	—	—	—	—	—	—
	山梨醇酐三油酸酯	—	—	0.1	0.1	0.1	—	—	0.1	—
	聚甘油-2-二异硬脂酸酯	—	0.05	—	0.1	—	—	0.05	—	0.1
	聚甘油-3-二异硬脂酸酯	—	—	—	—	0.1	—	—	0.1	—
	聚甘油-4-异硬脂酸酯	0.5	—	—	—	0.1	—	0.05	—	—
去离子水		加至100	加至100	加至100	加至100	加至100	加至100	加至100	加至100	加至100

制备方法

(1) 将配方用量的表面活性剂（a）和表面活性剂（b）混合，水浴加热至50～70℃，搅拌溶解，得到混合液A；

(2) 向混合液A中加入配方用量的油脂，水浴加热至50～70℃，搅拌溶解，得到混合液B；

(3) 将混合液B与去离子水、防腐剂和辅助基质混合，搅拌均匀，冷却至室温，过滤，即得半透明化妆水。

原料配伍 本品各组分质量份配比范围为：去离子水加至100，防腐剂0.2～2，辅助基质1.5～30，油脂0.01～0.6，复合表面活性剂0.15～2。

所述的复合表面活性剂由表面活性剂（a）和表面活性剂（b）组成，所述表面活性剂（a）和表面活性剂（b）的质量比为（1～5）：1。

所述的表面活性剂（a）亲水亲油平衡值为12～16，并且在常温下为固体的表面活性剂。

所述的表面活性剂（b）亲水亲油平衡值为3～5，并且在常温下为液体的表面活性剂。

所述油脂为极性油脂与非极性油脂的组合。

所述防腐剂占半透明化妆水总质量0.2%～2%，辅助基质占半透明化妆水总质量1.5%～30%。

所述辅助基质为保湿剂、抗炎剂、金属离子螯合剂、pH调节剂、水溶性聚合物的其中两种或者多种任意组合，与常规化妆水所采用的保湿剂、抗炎剂、金属离子螯合剂、pH 调节剂、水溶性聚合物等种类和用量一致。如其中保湿剂包括但不限于多元醇、透明质酸钠、聚谷氨酸、葡聚糖、保湿性植物提取物、海藻提取物等；抗炎剂包括但不限于甘草酸二钾、尿囊素以及具有抗炎舒缓效果的植物提取物等；金属离子螯合剂包括 EDTA 二钠、六偏磷酸钠等；pH 调节剂包括氢氧化钠、氢氧化钾、三乙醇胺、柠檬酸、柠檬酸钠等；水溶性聚合物包括但不限于汉生胶、纤维素、卡波姆等。防腐剂为化妆品技术领域常规采用的防腐剂，如羟苯甲酯、苯氧乙醇、乙基己基甘油、植物性防腐剂等。异构十六烷也可以被十二烷或异二十烷等代替；植物油脂橄榄油可以被氢化橄榄油、甜扁桃油、小麦胚芽油、葡萄籽油、霍霍巴油、澳洲坚果籽油等代替。

所述表面活性剂（a）为 PEG-60 氢化蓖麻油、PEG-20 甲基葡糖倍半硬脂酸酯、甘油硬脂酸酯柠檬酸酯、聚甘油-3-甲基葡糖二硬脂酸酯、油醇聚醚-20、硬脂醇聚醚-21 的一种或其任意组合。

所述表面活性剂（b）为聚甘油-2-二异硬脂酸酯、山梨醇酐倍半油酸酯、山梨醇酐三油酸酯、聚甘油-3-二异硬脂酸酯、聚甘油-4-异硬脂酸酯、油醇聚醚-2 的一种或其任意组合。

所述极性油脂为肉豆蔻酸异丙酯、棕榈酸异丙酯、柠檬酸三乙酯、甘油三乙基己酸酯、生育酚乙酸酯、辛酸/癸酸甘油三酯、植物油脂的一种或其任意组合。

所述非极性油脂为液体石蜡、异构十六烷、氢化聚异丁烯、氢化聚癸烯、凡士林的一种或其任意组合。

所述极性油脂与非极性油脂的质量比为（2～4）∶1。

所述化妆水的乳化粒径为 50～90nm，25℃时黏度为 0.02～0.15Pa·s。

产品应用 本品是一种半透明化妆水。

产品特性

（1）本产品所采用的表面活性剂不局限在非离子型表面活性剂，表面活性剂来源范围广泛，而且制备工艺简单。

（2）本产品的乳化粒径在 50～90nm 之间，易透皮吸收，稳定性良好，可长期储藏。

（3）本产品在常规透明水剂上进行升级，添加了少量的油脂，使用时既有水的清爽质地，也有精华般的润滑滋润感，滋润但不油腻，使用后肌肤含水量增加，富有光泽。

配方 2 薄荷化妆水

原料配比

原料		配比(质量份)				
		1#	2#	3#	4#	5#
夏香薄荷油		0.4	0.4	0.4	0.4	0.4
透明质酸		1	1	1	1	1
辛酰两性基乙酸钠		1	1	1	1	1
甘油		8	8	8	8	8
水		100	100	100	100	100
美白剂	根皮素	—	0.03	0.045	0.045	—
	熊果苷	—	0.03	—	0.045	0.045
	甘草查耳酮A	—	0.03	0.045	—	0.045

制备方法 将各原料在室温下搅拌混合均匀，将辛酰两性基乙酸钠溶解于水中，加入透明质酸和甘油，搅拌均匀，再加入夏香薄荷油和美白剂，搅拌混合均匀，即可制得该薄荷化妆水。

原料配伍 本品各组分质量份配比范围为：夏香薄荷油0.2～0.6，透明质酸0.5～1.5，辛酰两性基乙酸钠0.5～1.5，美白剂0.05～0.15，甘油6～10，水100。

所述美白剂由下述组分按质量份组成：根皮素0.03～0.045、熊果苷0.03～0.045、甘草查耳酮A 0.03～0.045。

还可以添加其他原料，如螯合剂、杀菌剂、颜料等，其他原料加入，基本实现其各自的功能，通常不会影响本产品的基本性能。

产品应用 本品是一种薄荷化妆水。

产品特性 本产品能够有效防止肌肤老化，保湿，通畅毛孔，平滑肌肤，添加美白剂后，可以消除肌肤上的黑色素，美白肌肤。

配方3 保湿化妆水

原料配比

原料	配比(质量份)				
	1#	2#	3#	4#	5#
白芷提取物	5	8	5	8	10
西番莲提取物	6	1	3	6	4
薰衣草提取物	2	3	2	4	5
桔梗提取物	6	4	6	3	1
积雪草提取物	1	6	4	1	3
芦荟肉提取物	20	10	15	20	16
人参提取物	5	2	5	3	1
角鲨烷	5	8	5	8	10
木瓜蛋白酶	2	1	2	2	1
橄榄油	2	6	3	2	5
维生素 B_6	5	1	3	5	3
蒸馏水	40	35	25	20	30
核桃油	—	—	3	—	3
银杏叶提取物	—	—	—	—	5

制备方法　取除角鲨烷、木瓜蛋白酶、橄榄油、维生素 B_6 外的其余原料，混合均匀，加热并保持在 50℃，加热 40～60min，均匀搅拌，自然降温至室温；加入角鲨烷、木瓜蛋白酶、橄榄油、维生素 B_6，然后超声波振动 10～20min，得到保湿化妆水。

原料配伍　本品各组分质量份配比范围为：白芷提取物 5～10，西番莲提取物 1～6，薰衣草提取物 2～5，桔梗提取物 1～6，积雪草提取物 1～6，芦荟肉提取物 10～20，人参提取物 1～5，角鲨烷 5～10，木瓜蛋白酶 1～2，橄榄油 2～6，维生素 B_6 1～5，蒸馏水 20～40，核桃油 3，银杏叶提取物 5。

所述白芷提取物、西番莲提取物、薰衣草提取物、桔梗提取物、积雪草提取物、芦荟肉提取物、人参提取物，为白芷、西番莲、薰衣草、桔梗、积雪草、芦荟肉、人参原料各用 75％乙醇回流提取 3 次后，合并提取液，5 倍浓缩后得到的。

所述银杏叶提取物为用 85％乙醇回流提取 3 次后，合并提取液，5 倍浓缩后得到的。

产品应用　本品是一种保湿化妆水。

产品特性

（1）本产品的主要组分是天然植物的提取物，配方合理，能在皮肤表层形成保护屏障，使皮肤的水分不易蒸发散失，皮肤吸收率高，保湿效果好，能有效防止肌肤干燥，使肌肤水嫩、光滑、柔软，增强皮肤弹性，保湿抗衰性能好。

（2）本产品不会使皮肤出现过敏、炎症等情况，安全无毒副作用，让皮肤水嫩光滑，细腻，滑润有光泽，使皮肤健康有弹性，见效周期短。

配方 4　芦荟保湿化妆水

原料配比

原料	配比(质量份)		原料	配比(质量份)	
	1#	2#		1#	2#
芦荟提取物	30	40	甘油	0.1	0.5
甲基三氯硅烷	20	23	丙烯酸甲酯	0.04	0.09
二甲基甲酰胺	5	16	香精	0.02	0.05
三乙醇胺	0.8	1.2	脂肪酸	0.01	0.06
碳酸氢钠	0.4	0.7	水	加至 100	加至 100

制备方法

（1）将芦荟提取物、甲基三氯硅烷和二甲基甲酰胺溶解于预先配制的浓度为 30％的硫酸亚铁溶液中，搅拌 25min；

（2）在步骤（1）所得溶液中加入三乙醇胺和碳酸氢钠，不断搅拌，控制

pH 值为 5.5；

(3) 将步骤 (2) 所得溶液在室温下连续搅拌 26h，然后倒入分液器中将其静置分层；

(4) 加入甘油、丙烯酸甲酯、香精、脂肪酸，升温至 70℃，静置 40min 后降温至 35℃。

原料配伍 本品各组分质量份配比范围为：芦荟提取物 30～40，甲基三氯硅烷 20～23，二甲基甲酰胺 5～16，三乙醇胺 0.8～1.2，碳酸氢钠 0.4～0.7，甘油 0.1～0.5，丙烯酸甲酯 0.04～0.09，香精 0.02～0.05，脂肪酸 0.01～0.06，水加至 100。

产品应用 本品是一种保湿效果好，对皮肤温和不刺激的化妆水。

产品特性 本产品保湿效果好，对皮肤温和不刺激。

配方 5 补水抗衰化妆水

原料配比

原料	配比(质量份)								
	1#	2#	3#	4#	5#	6#	7#	8#	9#
水解胶原	0.5	0.5	1	2	1	2	1.2	1.6	1.8
透明质酸钠	0.1	0.3	0.1	0.3	1	1	0.1	0.2	0.3
银杏叶提取物	0.1	0.1	0.5	1	0.5	1.5	0.6	0.7	0.9
茶叶提取物	0.1	0.1	0.5	1	0.5	1.5	0.6	0.7	0.9
母菊花提取物	0.1	0.1	0.5	1	0.5	1.5	0.6	0.7	0.9
黄芩根提取物	0.1	0.1	0.5	1	0.5	1.5	0.6	0.7	0.9
甘草根提取物	0.1	0.1	0.5	1	0.5	1.5	0.6	0.7	0.9
去离子水	99	99	96	93	95	90	96	95	93

制备方法

(1) 配制透明质酸钠溶液：将透明质酸钠与去离子水混合，保温，搅拌溶解，冷却后即得透明质酸钠溶液；保温温度为 60～70℃，保温时间为 30min，冷却温度为 35～40℃。

(2) 制备补水抗衰化妆水：将除透明质酸钠以外的其他原料加入至步骤 (1) 所述的透明质酸钠溶液中，搅拌均匀，静置后即得补水抗衰化妆水，静置的时间为 10～15min。

原料配伍 本品各组分质量份配比范围为：水解胶原 0.5～2，透明质酸钠 0.1～1，银杏叶提取物 0.1～1.5，茶叶提取物 0.1～1.5，母菊花提取物 0.1～1.5，黄芩根提取物 0.1～1.5，甘草根提取物 0.1～1.5，去离子水90～99。

产品应用 本品是一种补水抗衰化妆水，用于各种原因导致的皮肤屏障受损的敏感肌肤的保养护理。

产品特性 水解胶原是胶原的水解物，与人皮肤胶原的结构相似，可以进入到人的皮肤深层，具有良好的生物相容性、可生物降解性，可刺激成纤维细胞的生长及增殖，加速胶原纤维的合成；透明质酸又名玻尿酸，是皮肤固有的生物活性物质，既具有强吸水性，又有调节人体表皮水分的特殊功能。本产品以水解胶原和透明质酸钠为核心成分，复配多种植物提取物，具有优异的补水抗衰功效，易吸收，适宜于日常的保养护肤，对于皮肤已出现的皱纹和干燥现象具有良好的改善作用，亦可一定程度上预防皱纹的滋生，延缓皮肤衰老，长期使用可使肌肤细腻光滑，且化妆水与皮肤相容性好，温和无刺激，长期使用可以起到优异的补水抗衰功效。

配方 6 橙花纯露化妆水

原料配比

原料	配比(质量份)			
	1#	2#	3#	4#
橙花纯露	40	60	50	55
芦荟胶	3	10	7	8
氨基酸保湿剂	0.5	2	1.5	1
甘油	2	5	3	4
角鲨烷	0.01	0.05	0.04	0.02
对羟基苯甲酸甲酯	0.02	0.05	0.05	0.03

制备方法 按照质量份将对羟基苯甲酸甲酯加入甘油中，搅拌，再加入橙花纯露、芦荟胶、氨基酸保湿剂、角鲨烷进行超声波均质，灭菌，灌装即可得到橙花纯露化妆水。

原料配伍 本品各组分质量份配比范围为：橙花纯露 40～60，芦荟胶 3～10，氨基酸保湿剂 0.5～2，甘油 2～5，角鲨烷 0.01～0.05，对羟基苯甲酸甲酯 0.02～0.05。

产品应用 本品是一种橙花纯露化妆水，具有保湿、消炎、美白、抗衰老的功效。

产品特性

(1) 由橙花精油而得的橙花纯露，兼具美白补水的双重作用，源源释放美白能量，明显改善肌肤暗淡，深度净化肌肤底层，唤醒肌肤美白潜能，密集提亮肤色；令后续的护肤产品更快吸收，肌肤持久嫩白、水嫩、通透。

(2) 本产品采用比水护肤效果更佳的橙花纯露作为化妆水的底料，保留了橙花及精油的成分，再添加芦荟胶、氨基酸保湿剂、角鲨烷、甘油、对羟基苯甲酸甲酯加工制成橙花纯露化妆水，清爽不油腻，对皮肤无刺激作用，具有保湿、消炎、美白、抗衰老的功效。

配方7 番石榴保湿化妆水

原料配比

原料	配比(质量份)			
	1#	2#	3#	4#
番石榴叶提取物	1	1	5	2
珍珠水解液	5	1	5	3
番石榴果提取物	4	3	5	4
透明质酸	5	5	10	8
丙二醇	1	0.1	1	0.4
甘油	5	5	10	6
熊果苷	0.1	0.1	1	0.3
去离子水	78.9	84.8	63	76.3

制备方法 称取番石榴叶提取物、珍珠水解液、番石榴果提取物、透明质酸、熊果苷、去离子水等放入水相罐中，在搅拌速度为10r/min的条件下加热至75℃，保持10min，得水相；将甘油、丙二醇等放入油相罐中，在搅拌速度20r/min的条件下加热至80℃，保持15min后，得油相；将油相和水相混合500s，降温至30℃，即得。

原料配伍 本品各组分质量份配比范围为：番石榴叶提取物1～5，珍珠水解液1～5，番石榴果提取物3～5，透明质酸5～10，丙二醇0.1～1，甘油5～10，熊果苷0.1～1，去离子水53～89.8。

产品应用 本品是一种保湿化妆水，能够调节皮肤酸碱平衡，补水保湿。

使用方法：于每晚洁面后，轻拍于面部，再进行后续护肤处理。

产品特性 本品长期使用能使皮肤深层补水，调节皮肤酸碱平衡，进而使皮肤达到水油平衡，清爽而不油腻。

配方8 反枝苋美白化妆水

原料配比

原料	配比(质量份)		
	1#	2#	3#
橄榄苦苷	0.2	0.3	0.2
反枝苋提取物	4	4.5	—
银杏提取物	—	—	4
甘油	5	5	5
丙二醇	3	3	3
尿囊素	2	2	2
羟乙基纤维素	0.8	0.8	0.8
山梨	2	2	2
透明质酸钠	0.8	0.8	0.8
水	加至100	加至100	加至100

制备方法 将各组分原料混合均匀即可。

原料配伍 本品各组分质量份配比范围为：橄榄苦苷 0.2～0.3，反枝苋提取物 4～4.5，银杏提取物 4，甘油 5，丙二醇 3，尿囊素 2，羟乙基纤维素 0.8，山梨 2，透明质酸钠 0.8 和水加至 100。

所述的反枝苋提取物与橄榄苦苷的质量比在（10∶1）～（20∶1）。

所述的反枝苋提取物的制作工艺如下。

（1）将真空干燥后的反枝苋在粉碎机中粉碎得到反枝苋粉末，将反枝苋粉末置于超临界萃取的萃取釜中。

（2）使用超临界 CO_2 作为溶剂，浓度为 65%的乙醇做夹带剂。

（3）调节萃取釜将萃取压力控制在 25～30MPa，温度控制在 45℃，CO_2 流量控制在 9L/h，萃取时间控制在 2h，得反枝苋提取物。

产品应用 本品是一种反枝苋美白化妆水。

产品特性 本产品以反枝苋提取物为主要原料，加入橄榄苦苷以及一些基质，其价格低廉，反枝苋提取物与少量的橄榄苦苷混合对于美白起到很好的协同效果，特别是反枝苋提取物与橄榄苦苷的质量比在（10∶1）～（20∶1），美白效果大幅度提高。

配方 9 防止过敏化妆水

原料配比

原料	配比(质量份)			
	1#	2#	3#	4#
磷脂胆碱	10	10	10	10
叶绿素	2	7	5	4
芽孢杆菌/大豆发酵产物提取物	1	6	4	3
叶酸	1	5	3	2
丁二醇	4	12	10	6
1,2-己二醇	1	8	6	4
透明质酸钠	0.01	0.08	0.05	0.03
羧甲基脱乙酰壳多糖	1	6	4	3
木糖醇	1	5	3	2
柠檬酸	0.01	0.1	0.05	0.04
ε-聚赖氨酸	0.3	0.5	0.5	0.4
黄原胶	0.03	0.1	0.1	0.08
去离子水	加至 100	加至 100	加至 100	加至 100

制备方法

（1）称取配方量的丁二醇、1,2-己二醇、透明质酸钠、柠檬酸、黄原胶和去离子水，加热至 75～85℃，保温下搅拌 20～30min；所述搅拌的速度为 40～50r/min。

（2）自然降温至30～35℃，加入配方量的磷脂胆碱、叶绿素、芽孢杆菌/大豆发酵产物提取物、叶酸、羧甲基脱乙酰壳多糖、木糖醇和ε-聚赖氨酸，均质5～10min，对板合格出料，即制得防止过敏化妆水。

原料配伍 本品各组分质量份配比范围为：磷脂胆碱10～20，叶绿素2～7，芽孢杆菌/大豆发酵产物提取物1～6，叶酸1～5，丁二醇4～12，1,2-己二醇1～8，透明质酸钠0.01～0.08，羧甲基脱乙酰壳多糖1～6，木糖醇1～5，柠檬酸0.01～0.1，ε-聚赖氨酸0.3～0.5，黄原胶0.03～0.1和水加至100。

产品应用 本品是一种防止过敏化妆水，温和亲肤，易吸收，安全无刺激，保湿、舒敏效果好，且体系稳定。

产品特性 本产品含有叶绿素、芽孢杆菌/大豆发酵产物提取物、叶酸等活性成分，对于红肿、瘙痒、脱皮、干燥等皮肤过敏症状有明显的舒缓作用，有补水、保湿效果，并且本产品可快速被肌肤吸收，温和亲肤，安全无刺激，适合长期使用。

配方10 过敏皮肤用的化妆水

原料配比

原料		配比(质量份)		
		1#	2#	3#
水	温泉水	65	70	75
纳米二氧化硅		7	6	5
二丙二醇		6	5	5
甘草酸二钾		1.5	0.8	0.5
丁苯基甲基苯醛		3	2	2
透明质酸钠		3	2	2
白藜芦醇		0.06	0.08	0.1
水杨酸苄酯		3	3	3
神经酰胺		0.2	0.2	0.2
红没药醇		0.5	0.4	0.3
烟酰胺		6	6	5
尿囊素		4	2	2
复合多肽		3	2	2
纳米硒		3	3	3
功能提取液		5	4	4
维生素E		2	2	3
茶树精油		2	2	4
香味剂	柠檬香茅提取物	0.5	—	—
	薰衣草提取物	—	0.5	—
	橙花提取物	—	—	0.5
防腐剂	苯氧基乙醇、乙基己酯丙三醇	0.05	—	0.01
	二丁基羟基甲苯、乙基己酯丙三醇	—	0.03	—

续表

原料		配比(质量份)		
		1#	2#	3#
功能提取液	芦荟提取物	45	40	35～45
	仙人掌提取物	30	35	25～40
	洋甘菊提取物	25	25	15～40

制备方法 将各组分原料混合均匀即可。

原料配伍 本品各组分质量份配比范围为：水50～75，纳米二氧化硅4～9，二丙二醇4～9，甘草酸二钾0.5～1.5，丁苯基甲基苯醛1～5，透明质酸钠1～5，白藜芦醇0.05～0.1，水杨酸苄酯2～6，神经酰胺0.2～0.5，红没药醇0.2～0.5，烟酰胺4～8，尿囊素1～5，复合多肽1～4，纳米硒2～5，功能提取液3～8，维生素E 1～3，茶树精油1～5，香味剂0.1～2，防腐剂0.01～0.05。

所述水为温泉水。

所述功能提取液包括芦荟提取物35%～45%，仙人掌提取物25%～40%，洋甘菊提取物15%～40%。

所述香味剂为橙花、茉莉、薰衣草、柠檬香茅的提取物中的任意一种。

所述防腐剂为苯氧基乙醇、乙基己酯丙三醇、二丁基羟基甲苯中的任意几种。

所述化妆水还包括pH调节剂，pH调节剂选用柠檬酸，调节化妆水的pH值到5.5～6.5。

产品应用 本品主要用于过敏皮肤用的化妆水。

产品特性 本产品针对敏感肌肤使用，加强皮肤的天然保护作用，能在皮肤上形成一层舒缓、透气的保护膜，舒缓和镇定皮肤，减少外界环境对皮肤的刺激；再结合其他微量元素的作用，可增强肌肤耐受性，降低敏感度，非常适合敏感肌肤及健康肌肤的日常舒缓及补水护肤；添加有效成分保护和护理过敏性皮肤，使皮肤变得柔滑、细腻、纯净，添加天然抗氧化剂，能够清除自由基和抑制自由基生成，抑制脂质过氧化，调节抗氧化相关酶活性等机制发挥抗氧化作用。本品具有抗炎、抗菌作用，使用的防腐剂以天然防腐剂为主，香料剂也是天然香花提取物，不含致敏物质，减轻皮肤负担。

配方 11 海藻清洁型化妆水

原料配比

原料	配比(质量份)	原料	配比(质量份)
海藻提取物	12	乙醇	15
丙二醇	6	香精	适量

续表

原料	配比(质量份)	原料	配比(质量份)
甘油	2	防腐剂	适量
聚丙二醇	2	色素	适量
聚氧乙烯聚丙二醇	1	去离子水	加至 100
吐温-80	2		

制备方法

(1) 将保湿剂丙二醇、甘油、吐温-80和海藻提取物溶于去离子水中，混合搅拌均匀；

(2) 将清洁剂聚氧乙烯聚丙二醇、聚丙二醇、香精、防腐剂溶于乙醇中，混合搅拌均匀；

(3) 将步骤 (2) 醇相溶液加入步骤 (1) 水相溶液中，混合增溶，待完全溶解混合后，加入适量色素，过滤后即得成品，分装即可。

原料配伍 本品各组分质量份配比范围为：海藻提取物 12，丙二醇 6，甘油 2，聚丙二醇 2，聚氧乙烯聚丙二醇 1，吐温-80 2，乙醇 15，香精适量，防腐剂适量，色素适量，去离子水加至 100。

产品应用 本品是一种温和补水、清洁保湿的海藻清洁型化妆水，对皮肤具有良好的补水、清洁、润肤的效果。

产品特性 本产品各原料产生协调作用，温和补水、清洁保湿；pH 值与人体皮肤的 pH 值接近，对皮肤无刺激性；使用后明显感到舒适、柔软，无油腻感，对皮肤具有明显的补水、清洁、润肤的效果。

配方 12 含油保湿化妆水

原料配比

原料		配比(质量份)		
		1#	2#	3#
多元醇类保湿剂	甘油	10	10	10
	1,3-丁二醇	10	10	10
	甜菜碱	2	2	2
	PEG(聚乙二醇)-8	5	5	5
金属螯合剂	EDTA 二钠	0.05	0.05	0.05
油脂	环五聚二甲基硅氧烷	6	6	—
	澳洲坚果油	—	—	6
表面活性剂	聚甘油-10-月桂酸酯	0.5	0.5	0.03
pH 调节剂	柠檬酸	0.03	0.03	0.2
	柠檬酸钠	0.2	0.2	0.2
	氢氧化钠	0.04	0.04	加至 100
防腐剂		0.2	0.2	0.03
香精		0.03	0.03	0.2

续表

原料	配比(质量份)		
	1#	2#	3#
PEMULENTR-1	0.2	0.2	0.05
增稠剂	0.05	0.05	0.04
去离子水	加至100	加至100	加至100

制备方法

(1) 将表面活性剂和部分多元醇类保湿剂混合搅拌均匀，搅拌加入油脂，混合均匀，制得预制油相，备用；其中，所述部分多元醇类保湿剂占多元醇类保湿剂总质量的1%～5%。

(2) 将去离子水和增稠剂搅拌溶解均匀，加热至85℃，持续搅拌20～50min，然后边搅拌边冷却至45℃以下即可，加入剩余多元醇类保湿剂以10～20r/min的速度搅拌10～20min至混合均匀，继续冷却。

(3) 待冷却至25～40℃，缓慢均匀地加入步骤(1)制备的预制油相，以及化妆品学上可接受的载体，搅拌均匀后，即得。

原料配伍 本品各组分质量份配比范围为：油脂0.1～10，增稠剂0.01～1，多元醇类保湿剂1～30，表面活性剂0.001～1，载体0.1～5，去离子水加至100。

所述油脂为天然油脂或合成油脂。其中，所述天然植物油脂选自角鲨烷、橄榄油、澳洲坚果油、摩洛哥坚果油、杏仁油、乳木果油、葡萄籽油等；优选的天然植物油脂为澳洲坚果油、葡萄籽油的混合物。所述合成油脂选自氢化聚异丁烯、辛酸/癸酸甘油三酯、C_{12}～C_{15}烷基苯甲酸酯、氢化聚癸烯、聚二甲基硅氧烷、棕榈酸乙基己酯、肉豆蔻酸异丙酯、聚二甲基硅氧烷、苯基聚三甲基硅氧烷、环五聚二甲基硅氧烷、环己硅氧烷等；优选的合成油脂为氢化聚异丁烯、聚二甲基硅氧烷、环五聚二甲基硅氧烷的混合物。

所述表面活性剂为聚甘油-10-月桂酸酯或聚甘油-10-肉豆蔻酸酯。

所述增稠剂选自卡波姆、黄原胶、羟乙基纤维素、丙烯酰二甲基牛磺酸铵/乙烯吡咯烷酮共聚物、卡拉胶、丙烯酸羟乙酯/丙烯酰二甲基牛磺酸钠共聚物、聚丙烯酸钠、聚丙烯酸酯交联聚合物-6、丙烯酸(酯)类/C_{10}～C_{30}烷醇丙烯酸酯交联聚合物(PEMULEN TR-1)等。优选的增稠剂为卡波姆、黄原胶、羟乙基纤维素和丙烯酸(酯)类/C_{10}～C_{30}烷醇丙烯酸酯交联聚合物的混合物。

所述多元醇类保湿剂选自甘油、1,3-丁二醇、甜菜碱、1,3-丙二醇、二丙二醇、聚乙二醇-8、聚乙二醇-32、山梨糖醇等。优选的多元醇类保湿剂为甘油、1,3-丁二醇和甜菜碱的混合物。

所述载体选自金属螯合剂、pH调节剂(氢氧化钠、柠檬酸、柠檬酸钠等)、香精、防腐剂(对羟基苯甲酸甲酯、苯氧乙醇、对羟基苯乙酮、苯甲酸、山梨酸钾、苯甲酸钠、苯甲醇、氯苯甘醚等)、保湿抗氧化等活性物质(糖类同分异构体、薏苡仁提取物、马齿苋提取物、豌豆提取物、油橄榄叶提取物、母菊花提取物、紫松果菊花/叶/茎提取物、肌肽、水解胶原蛋白)等。

所述金属螯合剂为EDTA二钠。

产品应用 本品是一种含油的不需乳化均质的保湿化妆水。

产品特性

(1)本产品通过在化妆水中添加油脂类成分,配方合理,能在皮肤表层形成保护屏障,使皮肤的水分不易蒸发散失,皮肤吸收率高,保湿效果好,能有效防止肌肤干燥,使肌肤水嫩光滑柔软,增强皮肤弹性,相较普通化妆水更加滋润,肤感更加柔润,保湿滋润效果比普通化妆水更持久。

(2)本产品的保湿化妆水不会使皮肤出现过敏、炎症等情况,安全无毒副作用,让皮肤水嫩光滑,细腻,滑润有光泽,使皮肤健康有弹性,见效快。

(3)本产品的**制备方法**简单,经济效益友好,适于工业推广应用。

配方13 含有辣木叶植物提取物的化妆水

原料配比

原料		配比(质量份)					
		1#	2#	3#	4#	5#	6#
保湿剂甘油		5	8	6.5	6.5	6.5	6.5
透明质酸钠		0.03	0.06	0.04	0.04	0.04	0.04
尿囊素		0.1	0.3	0.2	0.2	0.2	0.2
水溶维生素E		0.1	0.3	0.2	0.2	0.2	0.2
卡波940		0.05	0.1	0.08	0.08	0.08	0.08
EDTA二钠		0.02	0.08	0.06	0.06	0.06	0.06
辣木叶提取物		0.01	15	7	7	7	7
香精		0.005	0.02	0.01	0.01	0.01	0.01
水		加至100	加至100	加至100	加至100	加至100	加至100
色素		—	—	—	适量	适量	适量
防腐剂	咪唑烷基脲	—	—	—	适量	—	—
	羟苯甲酯和咪唑烷基脲比例为1∶1	—	—	—	—	适量	—
	咪唑烷基脲、羟苯甲酯和羟苯丙酯	—	—	—	—	—	适量

制备方法

(1)洗净并消毒好乳化锅;

(2)将保湿剂甘油、透明质酸钠、尿囊素、水溶维生素E、卡波940、EDTA二钠和水一起加入到乳化锅中并加热到84~86℃,保温9~11min,搅拌均匀,得到预混料;

(3)将步骤(2)得到的预混料降温到58~62℃,加入辣木叶提取物搅拌均匀后,继续降温,得到混合物料;

(4) 将步骤 (3) 得到的混合物料降温到 37～40℃后，加入香精，混合均匀后，得到粗产品；

(5) 对步骤 (4) 得到的粗产品进行检验，检验合格后，过滤，取滤液，即为含有辣木叶植物提取物的化妆水。

原料配伍 本品各组分质量份配比范围为：保湿剂甘油 5～8，透明质酸钠 0.03～0.06，尿囊素 0.1～0.3，水溶维生素 E 0.1～0.3，卡波 940 0.05～0.1，EDTA 二钠 0.02～0.08，辣木叶提取物 0.01～15，香精 0.005～0.02，水加至 100。

还包括色素和防腐剂。其中色素和防腐剂的加入量符合国家质量标准即可，无过多的要求。

所述的防腐剂为咪唑烷基脲、羟苯甲酯和羟苯丙酯中一种或几种的组合，具体比例不作要求。

所述辣木叶提取物是按照如下步骤制得的。

(1) 优选新鲜的嫩辣木叶，阴干至叶片干燥易碎，备用；

(2) 将步骤 (1) 得到的阴干的辣木叶粉碎至 250～350 目，得到辣木叶细粉，备用；

(3) 向步骤 (2) 得到的辣木叶细粉加入体积分数为 65%～75%酒精，回流 2～3h，过滤，滤液备用，所述的辣木叶细粉质量与酒精的体积比为 1∶(17～19) (m/V)；

(4) 将步骤 (3) 得到的滤液浓缩干燥成粉末，加入体积分数为 9%～11%的 1,3-丁二醇水溶液溶解，分散均匀，得到分散液，所述的粉末质量与 1,3-丁二醇的体积比为 1∶(9～11) (m/V)；

(5) 将步骤 (4) 得到的分散液过滤，收取滤液，即为辣木叶植物提取物。

产品应用 本品是一种含有辣木叶植物提取物的化妆水。

产品特性 本产品保湿效果好，抗皱力强，纯天然提取，无任何刺激，适合各种肤质使用。

配方 14 含有脂质体的美白化妆水

原料配比

原料		配比(质量份)	
		1#	2#
脂质体	甘油	0.25	0.5
	1,3-丁二醇	0.25	0.5
	氢化卵磷脂	0.15	0.25
	抗坏血酸四异棕榈酸酯	0.02	0.03
	生育酚乙酸酯	0.01	0.03
	水	4.32	3.69

续表

原料		配比(质量份)	
		1#	2#
其他原料	1,3-丙二醇	6	10
	二丙二醇	5	5
	EDTA 二钠	0.05	0.05
	烟酰胺	2	2
	PEG-8	2	2
	防腐剂	0.2	0.2
	香精	0.03	0.03
	PEMULEN TR-1	0.2	0.2
	黄原胶	0.05	0.05
	氢氧化钠	0.04	0.04
	去离子水	加至 100	加至 100

制备方法

(1) 将氢化卵磷脂分散在甘油及 1,3-丁二醇中，搅拌均匀，搅拌中加入抗坏血酸四异棕榈酸酯和生育酚乙酸酯，混合均匀，再加入 50℃的水，搅拌均匀，加热至 70～80℃；然后将混合物于 2500～3500r/min 速度下均质 5～10min，重复三次，测其粒径，粒径在 100nm 以下，制得脂质体，备用。

(2) 将水和增稠剂搅拌溶解均匀，加热至 85℃，持续搅拌 20～50min，然后边搅拌边冷却至 45℃以下即可，加入多元醇类保湿剂在 50～80r/min 速度下搅拌 10～20min 至混合均匀，继续冷却。

(3) 待冷却至 35～40℃，加入化妆品学上可接受的载体，在 50～80r/min 速度下搅拌 10～20min 至混合均匀，继续冷却。

(4) 待冷却至 25～35℃，加入步骤 (1) 制备的脂质体，搅拌均匀后，即得。

原料配伍 本品各组分质量份配比范围为：脂质体 0.1～10，增稠剂 0.01～5，多元醇类保湿剂 1～30，化妆品学上可接受的载体 0.1～5，水加至 100。

所述脂质体包含以下质量分数的原料组分：氢化卵磷脂 1%～5%，甘油 1%～10%，1,3-丁二醇 1%～10%，抗坏血酸四异棕榈酸酯 0.01%～1%，生育酚乙酸酯 0.01%～1%，水加至 100%。

所述增稠剂选自卡波姆、黄原胶、羟乙基纤维素、丙烯酰二甲基牛磺酸铵/乙烯吡咯烷酮共聚物、卡拉胶、丙烯酸羟乙酯/丙烯酰二甲基牛磺酸钠共聚物、聚丙烯酸钠、聚丙烯酸酯交联聚合物-6、丙烯酸 (酯) 类/C_{10}～C_{30}烷醇丙烯酸酯交联聚合物 (PEMULEN TR-1) 等。优选的增稠剂为卡波姆、黄原胶、羟乙基纤维素、丙烯酸 (酯) 类/C_{10}～C_{30} 烷醇丙烯酸酯交联聚合物 (PEMULEN TR-1) 的混合物。

所述多元醇类保湿剂选自甜菜碱、1,3-丙二醇、二丙二醇、聚乙二醇-8、聚乙二醇-32、山梨糖醇等。优选的多元醇类保湿剂为甘油、丁二醇和甜菜碱的混合物。

所述化妆品学上可接受的载体选自金属螯合剂、pH 调节剂（氢氧化钠、柠檬酸、柠檬酸钠等）、香精、防腐剂（对羟基苯甲酸甲酯、苯氧乙醇、对羟基苯乙酮、苯甲酸、山梨酸钾、苯甲酸钠、苯甲醇、氯苯甘醚等）、保湿抗氧化等活性物质（糖类同分异构体、薏苡仁提取物、马齿苋提取物、豌豆提取物、油橄榄叶提取物、母菊花提取物、紫松果菊花/叶/茎提取物、肌肽、水解胶原蛋白、烟酰胺、抗坏血酸葡糖苷）等。

所述金属螯合剂为 EDTA 二钠。

产品应用 本品是一种含有脂质体的美白化妆水。

产品特性

（1）本产品通过在化妆水中添加脂质体成分，配方合理，能有效对抗干燥环境，恢复弹性光滑的肌肤，皮肤水润柔嫩，有效抑制黑色素的产生，肌肤更加透亮白皙，能深入肌肤底层；相比普通的美白化妆水美白效果更佳，对于同剂量的美白剂，美白效果更突出，并且不会出现普通美白产品变色、不稳定等问题。

（2）本产品不会使皮肤出现过敏、炎症等情况，安全、无毒副作用，让皮肤水嫩光滑，细腻，滑润有光泽，使皮肤健康有弹性。

配方 15 含中药的祛斑化妆水

原料配比

原料	配比(质量份)	原料	配比(质量份)
黄芪	4	木瓜	5
当归	4	珊瑚粉	3
金银花	4	PEG-40	1
白术	4	甘油	3
芦荟	5	防腐剂	适量
白芷	4	去离子水	加至 100
白蒺藜	3		

制备方法

（1）将黄芪、当归、金银花、白术、芦荟、白芷、白蒺藜、木瓜等干材打成 200 目细粉，加入 5 倍体积的去离子水浸泡过夜，回流提取 1h，重复 1 次，将提取液合并，浓缩，静置，过滤；

（2）取步骤（1）所得物的上清液，加入珊瑚粉、PEG-40、甘油等混合加热至 70℃，搅拌使其混合均匀，待温度冷却至 50℃时加入防腐剂混匀，静置至室温即可得成品。

原料配伍 本品各组分质量份配比范围为：黄芪 4，当归 4，金银花 4，白术 4，芦荟 5，白芷 4，白蒺藜 3，木瓜 5，珊瑚粉 3，PEG-40 1，甘油 3，防腐剂适量，去离子水加至 100。

产品应用 本品是一种温和解毒、祛痘淡斑的含中药的祛斑化妆水，对皮肤具有良好的祛斑抗皱、滋润保湿的效果。

产品特性 本产品所述各原料产生协调作用，温和解毒、祛痘淡斑；pH 值与人体皮肤的 pH 值接近，对皮肤无刺激性；使用后明显感到舒适、柔软，无油腻感，对皮肤具有明显的祛斑抗皱、滋润保湿的效果。

配方 16 化妆水

原料配比

原料	配比(质量份)		
	1#	2#	3#
透明质酸	10	15	20
水溶性硅油	3	4	5
辛酰两性基乙酸钠	5	6	7
乙醇	14	15	16
纳米银	4	5	6
杨梅叶原花色素	7	8	9
甘油	12	13	14
苯甲酸	4	6	8
香精	1	2	3
芦芭油	7	8	9
负离子还原水	50	60	70

制备方法

(1) 在容器中加入透明质酸，再加入适量甘油分散透明质酸，然后搅拌，配制成透明质酸质量分数为 1%的均匀溶液，搅拌时间为 2～4h；

(2) 制备负离子还原水，称好所需负离子还原水倒入水锅；

(3) 边搅拌边依次缓慢加入配制好的透明质酸溶液、剩余的原料，搅拌均匀，搅拌的时间≥30min；

(4) 在滤布上过滤，然后出料。

原料配伍 本品各组分质量份配比范围为：透明质酸 10～20，水溶性硅油 3～5，辛酰两性基乙酸钠 5～7，乙醇 14～16，纳米银 4～6，杨梅叶原花色素 7～9，甘油 12～14，苯甲酸 4～8，香精 1～3，芦芭油 7～9，负离子还原水 50～70。

产品应用 本品是一种可促进细胞的新陈代谢，并增强肌肤抗御能力，使肌肤保持足够的水分及养分，可以在创面上使用的化妆水。

产品特性 本产品使化妆品在制作时不需要添加防腐剂、乳化剂等成分，可促进细胞的新陈代谢，并增强肌肤抗御能力，使肌肤保持足够的水分及养分，可以在创面上使用。

配方 17　黄瓜保湿化妆水

原料配比

原料	配比(质量份)			
	1#	2#	3#	4#
黄瓜果	1	1	5	2
黄瓜果水	5	1	5	3
黄瓜果提取物	4	3	5	4
透明质酸	5	5	10	8
丙二醇	1	0.1	1	0.4
甘油	5	5	10	6
熊果苷	0.1	0.1	1	0.3
丙二醇	10	5	10	7
去离子水	68.9	79.8	53	69.3

制备方法　称取黄瓜果、黄瓜果水、黄瓜果提取物、透明质酸、熊果苷、去离子水等放入水相罐中，在搅拌速度为10r/min的条件下加热至75℃，保持10min，得水相；将甘油、丙二醇等放入油相罐中，在搅拌速度为20r/min的条件下加热至80℃，保持15min后，得油相；将油相和水相混合500s，降温至30℃，即得。

原料配伍　本品各组分质量份配比范围为：黄瓜果1～5，黄瓜果水1～5，黄瓜果提取物3～5，透明质酸5～10，丙二醇0.1～1，甘油5～10，熊果苷0.1～1以及去离子水53～89.8。

产品应用　本品是一种保湿化妆水，能够调节皮肤酸碱平衡，补水保湿。

使用方法：于每晚洁面后，轻拍于面部，再进行后续护肤处理。

产品特性　本品长期使用能使皮肤深层补水，调节皮肤酸碱平衡，进而使皮肤达到水油平衡，清爽而不油腻。

配方 18　黄瓜化妆水

原料配比

原料	配比(质量份)		
	1#	2#	3#
海藻糖	1	1.5	3
尿囊素	0.3	0.45	0.6
甘油	1.5	3	5
丙二醇	0.5	2	3
维生素C乙基醚	0.2	0.5	1
防腐剂	0.1	0.2	0.3
香精	0.01	0.02	0.03
老黄瓜水	加至100	加至100	加至100

制备方法

(1) 将麻皮黄瓜 、旱黄瓜或土黄瓜的成熟老黄瓜放至榨汁机中，同时加入去离子水开始榨汁得老黄瓜汁液；

(2) 将老黄瓜汁液倒入不锈钢桶中，然后加入果胶酶，酶解 20～60min；

(3) 再用纱布粗滤，过滤机精滤得精滤液，滤渣加水提取得提取液，然后将提取液与精滤液混合得老黄瓜水，备用；

(4) 先向配料罐加入防腐剂，然后加入上述老黄瓜水搅拌混合；

(5) 再依次加入维生素 C 乙基醚、海藻糖、尿囊素、甘油、丙二醇，搅拌至完全溶解后加入香精，最后过滤得产品老黄瓜化妆水。

原料配伍 本品各组分质量份配比范围为：海藻糖 1～3，尿囊素 0.3～0.6，甘油 1.5～5 ，丙二醇 0.5～3，维生素 C 乙基醚 0.2～1，防腐剂 0.1～0.3，香精 0.01～0.03，老黄瓜水加至 100。

产品应用 本品是具有祛痘、祛痘印、美白、保湿功效的黄瓜化妆水。

产品特性

(1) 本产品主要原料为天然植物老黄瓜，黄瓜中含有较多芳香类物质、生育酚、角鲨烯、姜烯、阿茶碱、亚油酸与油酸等营养物质，具有纯天然、安全、温和无刺激的优点。

(2) 本品生产成本低，制备工艺简单，且是一种具有祛痘、祛痘印、美白、保湿功效的黄瓜化妆水。

配方 19 活细胞化妆水

原料配比

原料	配比(质量份)	原料	配比(质量份)
乙醇	30	EGF	适量
丙二醇	20	香精	适量
植酸	1	色素	适量
冰片	1	防腐剂	适量
尿囊素	2	蒸馏水	加至 100
天然丝素肽	10		

制备方法

(1) 将乙醇、丙二醇、植酸、冰片、尿囊素、天然丝素肽等原料混合加热至 80℃左右，搅拌均匀备用；

(2) 将 EGF 用蒸馏水稀释，搅拌均匀备用；

(3) 将步骤 (1) 所得混合液加入步骤 (2) 所得混合液搅拌均匀，加入香精、色素及防腐剂等原料，搅拌溶解，陈化一周，冷却至 0℃，过滤即可。

原料配伍 本品各组分质量份配比范围为：乙醇 30，丙二醇 20，植酸 1，冰片 1，尿囊素 2，天然丝素肽 10，EGF 适量，香精适量，色素适量，防腐剂适量，蒸馏水加至 100。

产品应用 本品是一种促进细胞新陈代谢、淡化皱纹的活细胞化妆水，对皮肤具有良好的补水保湿、莹润亮白的效果，适用于任何肌肤。

产品特性 本产品对皮肤无刺激性，使用后明显感到舒适、柔软，无油腻感，具有明显的保湿效果，对皮肤具有良好的补水保湿、莹润亮白的效果。

配方 20 具有美白护肤功效的化妆水

原料配比

原料	配比(质量份)		
	1#	2#	3#
瓜尔豆胶	48	50	52
库拉索芦荟提取物	50	52	54
木瓜提取物	46	48	50
芝麻油	50	52	54
芍药苷	46	48	50
牛油树脂	50	52	54
四氢姜黄素	46	48	50
维生素 C	52	54	56
黑豆雌激素	46	48	50
射干提取物	50	52	54
芦芭油	46	48	50
谷胱甘肽	50	52	54
D-泛醇	46	48	50
1,2-辛二醇	50	52	54
麦冬提取物	46	48	50
黑种草子种子提取物	50	52	54
软毛松藻提取物	46	48	50
可可脂	50	52	54
山梨醇酐辛酸酯	46	48	50
水	1000	1500	2000

制备方法

(1) 将所述质量份的瓜尔豆胶、库拉索芦荟提取物、木瓜提取物、芝麻油、芍药苷、牛油树脂、四氢姜黄素、维生素 C、黑豆雌激素、射干提取物、谷胱甘肽、D-泛醇、1,2-辛二醇、麦冬提取物、软毛松藻提取物、可可脂、山梨醇酐辛酸酯加入上述质量份的水中，超声高速分散，超声波频率为 20～40kHz，分散速度 5000～5400r/min 左右，分散时间为 30～60min；

(2) 加入所述质量份的芦芭油，超声高速分散，超声波频率为 20～35kHz，分散速度 4800～5200r/min 左右，分散时间为 30～50min；

(3) 加入所述质量份的黑种草子种子提取物，超声高速分散，超声波频率为 20～30kHz，分散速度 4600～4800r/min 左右，分散时间为 20～40min；混合均匀后制得本品。

原料配伍 本品各组分质量份配比范围为：瓜尔豆胶 48～52，库拉索芦荟提取物 50～54，木瓜提取物 46～50，芝麻油 50～54，芍药苷 46～50，牛油树脂 50～54，四氢姜黄素 46～50，维生素 C 52～56，黑豆雌激素 46～50，射干提取物 50～54，芦芭油 46～50，谷胱甘肽 50～54，D-泛醇 46～50，1,2-辛二醇 50～54，麦冬提取物 46～50，黑种草子种子提取物 50～54，软毛松藻提取物 46～50，可可脂 50～54，山梨醇酐辛酸酯 46～50，水 1000～2000。

产品应用 本品是一种具有美白护肤功效的化妆水。

产品特性 本产品制备工艺简单，具有较为优越的美白效果，能有效地减少黑色素产生，美白功效显著，对皮肤无刺激，使用后皮肤弹性好。

配方 21 具有修复角质层功效的化妆水

原料配比

原料		配比(质量份)		
		1#	2#	3#
植物花水	玫瑰花水	10	—	5
	马鞭草花水	—	10	—
	苦橙花水	10	5	5
	薰衣草花水	5	10	10
	素方花花水	—	—	5
保湿剂	1,3-丙二醇	7	7	5
	1,2-戊二醇	0.5	0.5	—
	丁二醇	—	—	3
	木糖醇基葡糖苷	3	—	—
	木糖醇	—	3	—
	脱水木糖醇	—	—	0.4
	生物糖胶-1	0.5	0.5	2
	透明质酸钠	0.05	0.02	0.02
	甘油	2	2	1
皮肤调理剂	药蜀葵根提取物	2	1	3
	金黄洋甘菊提取物	—	1	—
	积雪草提取物	2	3	1
防腐剂	葡萄糖酸内酯		0.7	0.3
	苯甲酸钠	0.7	—	—
	山梨酸钾	—	—	0.2
去离子水		加至 100	加至 100	加至 100

制备方法

(1) 将保湿剂和去离子水按配方用量加入搅拌锅中，加热到 60～80℃，搅拌至混合均匀；

(2) 待温度降至35～45℃，再分别向搅拌锅中按配方用量加入植物花水和皮肤调理剂，搅拌均匀至完全溶解；

(3) 向搅拌锅中按配方用量加入防腐剂，搅拌至混合均匀；

(4) 取样检查，合格后过滤出料，控制pH值在5～7。

原料配伍 本品各组分质量份配比范围为：植物花水15～50，保湿剂5～20，皮肤调理剂0.5～10，防腐剂0.1～1，去离子水加至100。

所述具有修复角质层功效的化妆水配方中，余量主要是去离子水，同时也可以添加所需的其他活性成分。

所述植物花水为薰衣草花水、玫瑰花水、苦橙花水、马鞭草花水、素方花花水中的三种以上的混合。

所述的植物花水又称纯露，学名为水精油，是在提炼精油时分离出来的一种100%饱和的蒸馏原液，是精油的一种副产品，其中除含有约0.3%～0.5%的精油成分之外，还含有植物全部的水溶性物质。

所述保湿剂为甘油、1,3-丙二醇、1,2-戊二醇、丁二醇、木糖醇基葡糖苷、木糖醇、脱水木糖醇、生物糖胶-1、透明质酸钠中的三种以上的混合。

所述皮肤调理剂为积雪草提取物、药蜀葵根提取物、金黄洋甘菊提取物中的一种或两种以上的混合。

所述的积雪草（centella asiatica）提取物是积雪草的提取物，可以选购ID BIO公司生产的积雪草提取物，主要含有积雪草苷、羟基积雪草苷等活性成分。

所述的金黄洋甘菊（chrysanthellum indicum）提取物是由金黄洋甘菊（chrysanthellum indicum）提取，含有的成分主要为芹菜素。

所述防腐剂为葡萄糖酸内酯、苯甲酸钠、山梨酸钾中的一种或两种以上的混合。

产品应用 本品是一种具有修复角质层功效的化妆水。

产品特性 本产品组分配方合理，协同增效；只使用天然植物来源成分修复角质层的损伤，不使用传统修复型化妆品中的化学合成抗敏剂；本产品以消炎杀菌、帮助受损组织愈合和提高肌肤免疫力为主，以补水保湿和舒缓止痒为辅，从根本上缓解因角质层受损而引起的敏感症状。

配方22 抗衰老化妆水

原料配比

原料	配比(质量份)	原料	配比(质量份)
祛皱肽	5	尼泊金丙酯	0.6
维生素E	4.5	单甘油酯	0.8
天竺葵提取物	18	月桂酰肌氨酸钠	0.8
聚山梨酸酯	3.5	乙醇	7
尼泊金甲酯	0.55	水	加至100

制备方法

(1) 将祛皱肽、维生素E和月桂酰肌氨酸钠在水中充分溶解，在75℃恒温30min，保持真空缓慢搅拌均匀，搅拌速度为30r/min，制得水相。

(2) 将天竺葵花叶加水进行微波提取，550～600W微波提取3～4min，停止，间隔1～2min后再在550～600W微波提取4～5min，停止；重复提取、停止步骤，使总提取时间不少于15min，得天竺葵提取物。

(3) 将天竺葵提取物加入水相，均质后冷却，加入聚山梨酸酯、尼泊金甲酯、尼泊金丙酯、单甘油酯、乙醇混合均匀，制得抗衰祛皱化妆水。

原料配伍 本品各组分质量份配比范围为：祛皱肽2～9，维生素E 1.5～6.5，天竺葵提取物10～28，聚山梨酸酯1.5～5.5，尼泊金甲酯0.05～1，尼泊金丙酯0.05～0.8，单甘油酯0.5～1.2，月桂酰肌氨酸钠0.5～1.2，乙醇2～9，水加至100。

产品应用 本品主要用于干性、成熟性肌肤，又有抗衰老的功效，且抗衰老效果好。

使用方法：每日早晚洁面后取少量化妆水于手心，轻轻拍于面部后用手指拍打至充分吸收，每日两次，每次1～2mL。

产品特性 本产品能为肌肤注入强力补水成分，让补水成分、抗衰老成分直渗肌肤底层，给肌肤补充养分，减少皱纹、增强肌肤防御机能，阻止胶原蛋白流失及其他干燥肌肤问题反复出现。本产品中多种抗衰老活性成分搭配调剂，使得有效成分深入肌肤深层细胞中心，以上配伍具有协同作用，共同起到抗自由基、抗衰老、保湿的作用。本产品提出的新配方简单且抗衰老作用显著温和刺激性小，易生产，敷用方便，效果好，具有效果确切，无毒副作用，成本低的特点。

配方23 抗氧化保湿化妆水

原料配比

原料	配比(质量份)		
	1#	2#	3#
变性乙醇	3	4	5
丁二醇	4	5	6
甘油	8	9	10
三乙醇胺	0.5	0.7	1
山梨酸钾	0.5	1	2
甘氨酸	0.1	0.3	0.5
透明质酸	1	2	3
羟乙基纤维素	2	3	4
辛酰两性基乙酸钠	0.05	0.06	0.08

续表

原料	配比(质量份)		
	1#	2#	3#
维生素C	0.5	0.7	1
维生素E	0.5	0.8	1
葡萄籽提取物	1	2	3
紫玉兰提取物	0.01	0.03	0.05
白芷提取物	0.3	0.4	0.5
羊毛脂	0.03	0.05	0.08
芦荟提取物	3	4	5
薰衣草精油	0.01	0.03	0.05
去离子水	30	35	40

制备方法 将各组分原料混合均匀即可。

原料配伍 本品各组分质量份配比范围为：变性乙醇3～5，丁二醇4～6，甘油8～10，三乙醇胺0.5～1，山梨酸钾0.5～2，甘氨酸0.1～0.5，透明质酸1～3，羟乙基纤维素2～4，辛酰两性基乙酸钠0.05～0.08，维生素C 0.5～1，维生素E 0.5～1，葡萄籽提取物1～3，紫玉兰提取物0.01～0.05，白芷提取物0.3～0.5，羊毛脂0.03～0.08，芦荟提取物3～5，薰衣草精油0.01～0.05，去离子水30～40。

产品应用 本品是一种抗氧化保湿化妆水。

产品特性 本产品保湿效果好，不油腻，含抗氧化自由基，延缓细胞衰老，改善肤色。

配方24 芦荟化妆水

原料配比

原料	配比(质量份)		
	1#	2#	3#
芦荟提取物	2	2.5	1
紫草素	0.05	0.02	0.02
苦参提取物	0.5	0.1	0.5
甘油	6	8	5
壬二酸	0.05	0.1	0.05
薄荷醇	0.05	0.05	0.1
水	100	100	100

制备方法 将所述材料溶解于水中，搅拌混合均匀，即可制得该芦荟化妆水。

原料配伍 本品各组分质量份配比范围为：芦荟提取物1～2.5，紫草素0.02～0.05，苦参提取物0.1～0.5，甘油5～8，壬二酸0.05～1.5，薄荷醇0.05～0.1和水100。

本产品中还可以添加其他原料，如螯合剂、杀菌剂、颜料等，其他原料加入基本实现其各自的功能，通常不会影响本产品的基本性能。

产品应用 本品主要用作去除皮肤角质，帮助有效成分吸收，同时具有抗痘抑菌和平滑肌肤效果的一种芦荟化妆水。

产品特性

(1) 本产品中含有薄荷醇和壬二酸的成分，可以去除角质，增加皮肤通透性，使皮肤更好地吸收营养成分，同时达到抑菌和祛痘的目的；其中芦荟和苦参提取物可以达到补水清热，平衡油脂分泌，疏通并收敛毛孔的效用；紫草素具有很好的去腐生肌，收敛消炎和促进皮肤再生的功效。

(2) 本产品可以去除皮肤角质，帮助有效成分吸收，同时具有抗痘抑菌和平滑肌肤的效果。

配方 25 芦荟营养化妆水

原料配比

原料	配比(质量份)	原料	配比(质量份)
甘油	100	芦荟鲜汁胶	200
聚乙二醇	20	香精	2
聚氧乙烯油醇醚	20	防腐剂	0.5
乙醇	200	去离子水	358

制备方法

(1) 在室温下将香精和聚氧乙烯油醇醚溶于乙醇中，形成两个溶解体系；

(2) 将乙醇体系加入水体系中，用 30r/min 的速度搅拌 5min；

(3) 在步骤 (2) 所得物料中加入防腐剂和芦荟鲜汁胶，搅拌 32min，用 200 目真空过滤机过滤后，制得芦荟营养化妆水，包装即可。

原料配伍 本品各组分质量份配比范围为：甘油 100，聚乙二醇 20，聚氧乙烯油醇醚 20，乙醇 200，芦荟鲜汁胶 200，香精 2，防腐剂 0.5，去离子水 358。

产品应用 本品是一种增加皮肤弹性、延缓衰老的芦荟营养化妆水，对皮肤具有良好的补水保湿、滋润增白的效果。

产品特性 本品对皮肤无刺激性，使用后明显感到舒适、柔软，无油腻感，具有明显的保湿效果，具有良好的增加皮肤弹性、延缓衰老的效果。

配方 26 玫瑰保湿抗菌化妆水

原料配比

原料	配比(质量份)				
	1#	2#	3#	4#	5#
丙三醇	5	7	10	6	8
茶树油	0.1	—	—	—	—
香薷油	—	0.3	—	—	—
薰衣草油	—	—	0.5	—	—
百里香油	—	—	—	0.2	—
迷迭香油	—	—	—	—	0.4
玫瑰水	94	90	80	85	92
魔芋葡甘聚糖	0.5	0.3	0.1	0.2	0.4
吐温-60	0.5	—	—	—	—
吐温-80	—	0.7	—	—	—
斯盘-60	—	—	—	1	0.6
斯盘-80	—	—	1	—	—

制备方法

(1) 将丙三醇与精油混合后升温至40～60℃，在800～1500r/min下搅拌20～40min，制得溶液；

(2) 在玫瑰水中加入魔芋葡甘聚糖，常温下搅拌溶解；

(3) 在步骤(2)制得的溶液中加入步骤(1)制得的溶液，同时加入乳化剂，在40～50℃、2000～2500r/min下恒温搅拌30～50min，使混合物充分溶解，并达到乳化和均质；

(4) 将步骤(3)所得物静置陈化20～24h，即得产品。

原料配伍 本品各组分质量份配比范围为：魔芋葡甘聚糖0.1～0.5，精油0.1～0.5，乳化剂0.5～1，玫瑰水80～94，丙三醇5～10。

所述的精油为茶树油、香薷油、薰衣草油、百里香油、迷迭香油中一种。

所述的乳化剂为吐温-60、吐温-80、斯盘-60、斯盘-80中的一种。

所述的玫瑰水为提取玫瑰精油后的馏分或玫瑰花干燥过程中的冷却水。

产品应用 本品是一种玫瑰保湿抗菌化妆水，起到保湿、护肤及抗菌抑菌的目的。

产品特性

(1) 本产品通过乳化作用，将主要原料精油、玫瑰水、魔芋葡甘聚糖制备成均匀、稳定的化妆水，充分利用了精油的杀菌抑菌作用，魔芋葡甘聚糖的保湿作用，玫瑰水的抗过敏、消炎、杀菌、抗菌作用；对皮肤有清洁、收紧和润滑作用。

(2) 本产品使用时能快速渗透，补充肌肤能量，美容保健效果好，无毒副作用，是一种保湿抗菌效果好、纯天然的保湿抗菌化妆水。

配方 27　美白祛斑化妆水

原料配比

原料	配比(质量份)				
	1#	2#	3#	4#	5#
白芷提取物	5	8	5	8	10
玫瑰花提取物	6	1	3	6	4
葛根提取物	2	3	2	4	5
桔梗提取物	6	4	6	3	1
积雪草提取物	1	6	4	1	3
芦荟肉提取物	20	10	15	20	16
珍珠粉	1	5	2	1	3
茵陈蒿提取物	5	2	5	3	1
光果甘草提取物	5	8	5	8	1
木瓜蛋白酶	2	1	2	2	1
维生素 E 油	2	6	3	2	5
维生素 B_6	5	1	3	5	3
蒸馏水	50	40	45	40	48
核桃油	—	—	3	—	3
绿茶提取物	—	—	—	4	4

制备方法　取除珍珠粉、木瓜蛋白酶、维生素 E 油、维生素 B_6 外的其余原料，混合均匀，加热并保持在 50℃，加热 40～60min，均匀搅拌，自然降温至室温；加入珍珠粉、木瓜蛋白酶、维生素 E 油、维生素 B_6，然后超声波振动 10～20min，得到美白祛斑化妆水。

原料配伍　本品各组分质量份配比范围为：白芷提取物 5～10，玫瑰花提取物 1～6，葛根提取物 2～5，桔梗提取物 1～6，积雪草提取物 1～6，芦荟肉提取物 10～20，珍珠粉 1～5，茵陈蒿提取物 1～5，光果甘草提取物 1～10，木瓜蛋白酶 1～2，维生素 E 油 2～6，维生素 B_6 1～5，蒸馏水 40～50，核桃油 3，绿茶提取物 4。

所述白芷提取物、玫瑰花提取物、葛根提取物、桔梗提取物、积雪草提取物、芦荟肉提取物、茵陈蒿提取物、光果甘草提取物，为白芷、玫瑰花、葛根、桔梗、积雪草、芦荟肉、茵陈蒿、光果甘草原料各用 75%乙醇回流提取 3 次后，合并提取液，5 倍浓缩后得到提取物。

所述绿茶提取物为用 90%乙醇回流提取 3 次后，合并提取液，5 倍浓缩后得到提取物。

产品应用　本品是一种美白祛斑效果好、见效时间短、天然安全的美白祛斑化妆水。

产品特性

(1) 本产品的主要组分是天然植物的提取物，配方合理，美白祛斑化妆水可抑制黑素细胞生成，降低酪氨酸酶的活性，祛除黄褐斑、雀斑、妊娠斑、老年斑及痤疮斑痕，能激活表皮细胞代谢，增加 SOD 含量，细腻肌肤、收缩毛孔、保湿锁水，促进胶原蛋白合成，增强皮肤的弹性，抗皱除纹，达到淡化黑素、祛斑增白、养颜靓肤、保湿防皱的效果。

(2) 本产品不会使皮肤出现过敏、炎症等情况，安全无毒副作用，让皮肤白皙、细腻、滑润有光泽，使皮肤健康有弹性，见效周期短。

(3) 本产品的制备方法简单，制作周期短，适于工业推广应用。

配方 28 葡萄籽养颜化妆水

原料配比

原料	配比(质量份)	原料	配比(质量份)
葡萄籽提取物	3	二甲基硅油	2
1,3-丁二醇	5	甘油	3
十二烷基硫酸钠	1	乙酸乙酯	1
单硬脂酸甘油酯	2	乙醇	6
十八醇	3	香料	0.5
羟乙基纤维素	2	去离子水	加至 100

制备方法

(1) 将 1,3-丁二醇、十二烷基硫酸钠、单硬脂酸甘油酯溶于去离子水中，混合加热至 70℃搅拌均匀；

(2) 将十八醇、羟乙基纤维素、二甲基硅油、甘油、乙酸乙酯溶于乙醇中，混合加热至 70℃搅拌均匀；

(3) 将步骤 (2) 所得醇相溶液加入步骤 (1) 所得水相溶液中，混合增溶，待完全溶解混合后，加入香料，过滤后即得成品，灭菌，装瓶。

原料配伍 本品各组分质量份配比范围为：葡萄籽提取物 3，1,3-丁二醇 5，十二烷基硫酸钠 1，单硬脂酸甘油酯 2，十八醇 3，羟乙基纤维素 2，二甲基硅油 2，甘油 3，乙酸乙酯 1，乙醇 6，香料 0.5，去离子水加至 100。

产品应用 本品是一种温和防过敏、滋养抗氧化的葡萄籽养颜化妆水，使皮肤光滑有弹性，具有良好的防护养颜的效果。

产品特性 本产品所述各原料产生协调作用，温和防过敏、滋养抗氧化；pH 值与人体皮肤的 pH 值接近，对皮肤无刺激性；使用后明显感到舒适、柔软，无油腻感，使皮肤光滑有弹性，具有明显的防护养颜的效果。

配方 29 去油平衡化妆水

原料配比

原料	配比(质量份)	
	1#	2#
芦荟提取液	12	26
硅酸铝	5	8
月桂酸酯	4	9
紫草提取液	5	8
透明质酸	0.6	1.3
甘草	3	5
矿泉水	20	20
硬脂酰两性基二乙酸二钠	0.8	1.6
薄荷精油	7	14
羟乙基脲	6	9
单硬脂酸甘油酯	4	7
碳酸镁	5	8
丁二醇	12	24
聚丙烯酸钠	5	7
羟乙基脲	2	6
肉豆蔻酸异丙酯	5	8

制备方法 将各组分原料混合均匀即可。

原料配伍 本品各组分质量份配比范围为：芦荟提取液 12～26，硅酸铝 5～8，月桂酸酯 4～9，紫草提取液 5～8，透明质酸 0.6～1.3，甘草 3～5，矿泉水 20，硬脂酰两性基二乙酸二钠 0.8～1.6，薄荷精油 7～14，羟乙基脲 6～9，单硬脂酸甘油酯 4～7，碳酸镁 5～8，丁二醇 12～24，聚丙烯酸钠 5～7，羟乙基脲 2～6，肉豆蔻酸异丙酯 5～8。

产品应用 本品是一种去油平衡化妆水，可深层清洁、补水，调理肌肤，平衡水油，可温和地控制油性区域的油脂分泌。

产品特性 本品可深层清洁、补水，调理肌肤，平衡水油，可温和地控制油性区域的油脂分泌。

配方 30 乳木果洁肤化妆水

原料配比

原料	配比(质量份)	原料	配比(质量份)
乳木果油	13	乙醇	15
丙二醇	6	香精	适量
1,3-丁二醇	6	色素	适量
聚乙二醇(400)	6	防腐剂	适量
聚氧乙烯(20)失水山梨醇单月桂酸酯	1	去离子水	加至 100
聚氧乙烯聚氧丙烯嵌段共聚物	1.5		

制备方法

(1) 将保湿剂丙二醇、1,3-丁二醇、聚乙二醇(400)和乳木果油溶于去离子水中，混合搅拌均匀；

(2) 将清洁剂聚氧乙烯(20)失水山梨醇单月桂酸酯和聚氧乙烯聚氧丙烯嵌段共聚物、香精、防腐剂溶于乙醇中，混合搅拌均匀；

(3) 将步骤(2)所得醇相溶液加入步骤(1)所得水相溶液中，混合增溶，待完全溶解混合后，加入适量色素，过滤后即得成品，分装即可。

原料配伍 本品各组分质量份配比范围为：乳木果油13，丙二醇6，1,3-丁二醇6，聚乙二醇(400)6，聚氧乙烯(20)失水山梨醇单月桂酸酯1，聚氧乙烯聚氧丙烯嵌段共聚物1.5，乙醇15，香精适量，色素适量，防腐剂适量，去离子水加至100。

产品应用 本品是一种洁肤滋润、抗炎修护的乳木果洁肤化妆水，对皮肤具有良好的补水保湿、洁肤养颜的效果。

产品特性 本产品所述各原料产生协调作用，洁肤滋润、抗炎修护；pH值与人体皮肤的pH值接近，对皮肤无刺激性；使用后明显感到舒适、柔软，无油腻感，对皮肤具有明显的补水保湿、洁肤养颜的效果。

配方31 沙棘营养化妆水

原料配比

原料	配比(质量份)	原料	配比(质量份)
沙棘种子油	0.2	白刺果汁	3
黄棘种子油	0.2	白刺果黏质	2
三乙醇胺	1.5	延寿草	3
乙醇	23	甘油	4
羊毛脂	2	香精	0.6
防腐剂	0.2	去离子水	加至100
沙棘果汁	7.5		

制备方法

(1) 将沙棘种子油、沙棘果汁、白刺果黏质以及延寿草提取物等过滤，醇化处理；

(2) 在步骤(1)所得物料中加入去离子水，在室温下加入白刺果汁、甘油、香精，使其全部溶解得品A备用；

(3) 将乙醇、黄棘种子油、三乙醇胺、乙醇、羊毛脂、防腐剂等原料搅拌，使其充分溶解得品B备用；

(4) 在搅拌下将混合物品B加入混合物品A中，充分搅拌使其混合，静置1～2天，将混合液过滤分装即可。

原料配伍 本品各组分质量份配比范围为：沙棘种子油 0.2，黄棘种子油 0.2，三乙醇胺 1.5，乙醇 23，羊毛脂 2，防腐剂 0.2，沙棘果汁 7.5，白刺果汁 3，白刺果黏质 2，延寿草 3，甘油 4，香精 0.6，去离子水加至 100。

产品应用 本品是一种减少皱纹、延缓衰老的沙棘营养化妆水，对皮肤具有良好的改善肌肤、嫩白、美容的效果。

产品特性 本产品对皮肤无刺激性，使用后明显感到舒适、柔软，无油腻感，具有明显的保湿效果，对皮肤具有良好的减少皱纹、延缓衰老的效果。

配方 32 酸模叶蓼美白化妆水

原料配比

原料	配比(质量份)		
	1#	2#	3#
新橙皮苷二氢查尔酮	0.5	0.5	0.5
酸模叶蓼提取物	4	5	—
银杏提取物	—	—	5
甘油	5	5	5
丙二醇	3	3	3
尿囊素	2	2	2
羟乙基纤维素	0.8	0.8	0.8
山梨醇	2	2	2
透明质酸钠	0.8	0.8	0.8
水	加至 100	加至 100	加至 100

制备方法 将各组分原料混合均匀即可。

原料配伍 本品各组分质量份配比范围为：新橙皮苷二氢查尔酮 0.5，酸模叶蓼提取物 4～5，银杏提取物 5，甘油 5，丙二醇 3，尿囊素 2，羟乙基纤维素 0.8，山梨醇 2，透明质酸钠 0.8 和水加至 100。

所述的酸模叶蓼提取物与新橙皮苷二氢查尔酮的质量比在（10∶1）～（20∶1）。

所述的酸模叶蓼提取物的制作工艺如下。

（1）将真空干燥后的酸模叶蓼在粉碎机中粉碎得到酸模叶蓼粉末，将酸模叶蓼粉末置于超临界萃取的萃取釜中。

（2）使用超临界 CO_2 作为溶剂，浓度为 65%的乙醇做夹带剂。

（3）调节萃取釜将萃取压力控制在 25～30MPa，温度控制在 45℃，CO_2 流量控制在 9L/h，萃取时间控制在 2h，得酸模叶蓼提取物。

产品应用 本品是一种酸模叶蓼美白化妆水。

产品特性 本产品以酸模叶蓼提取物为主要原料，加入新橙皮苷二氢查尔酮以及一些基质，其价格低廉，酸模叶蓼提取物与少量的新橙皮苷二氢查尔酮混合对于美白起到很好的协同效果，特别是酸模叶蓼提取物与新橙皮苷二氢查尔酮的质量比在（8∶1）～（10∶1），美白效果大幅度提高。

配方 33　天然有机紧肤化妆水

原料配比

原料	配比(质量份)	原料	配比(质量份)
丁二醇	8	透明质酸钠	0.1
EDTA 二钠	0.1	脱水木糖醇	2
尿囊素	0.2	燕麦麦粒提取物	4
辛酰甘氨酸	2	茉莉香精	0.2
三乙醇胺	1	去离子水	加至 100
三甲基甘氨酸	5		

制备方法

（1）将丁二醇、EDTA 二钠、尿囊素、辛酰甘氨酸、三乙醇胺和去离子水等混合加热至 90℃，保温 30min；

（2）将三甲基甘氨酸、透明质酸钠、脱水木糖醇、燕麦麦粒提取物等混合加热至 60℃，搅拌均匀；

（3）步骤（1）所得物料降温至 50℃时加入步骤（2）所得物料，混合搅拌 10min，待其温度降至 35℃时加入茉莉香精混合均匀，静置至室温即可出料，储存。

原料配伍　本品各组分质量份配比范围为：丁二醇 8，EDTA 二钠 0.1，尿囊素 0.2，辛酰甘氨酸 2，三乙醇胺 1，三甲基甘氨酸 5，透明质酸钠 0.1，脱水木糖醇 2，燕麦麦粒提取物 4，茉莉香精 0.2，去离子水加至 100。

产品应用　本品是一种天然无刺激、抗皱保湿的天然有机紧肤化妆水，对皮肤具有良好的持久保湿、抗皱护肤的效果。

产品特性　本产品所述各原料产生协调作用，天然无刺激、抗皱保湿；pH 值与人体皮肤的 pH 值接近，对皮肤无刺激性；使用后明显感到舒适、柔软，无油腻感，对皮肤具有明显的持久保湿、抗皱护肤的效果。

配方 34　天然植物保湿化妆水

原料配比

原料	配比(质量份)				
	1#	2#	3#	4#	5#
玉米丙二醇	5	8	10	5	8
甘油	5	8	10	5	8
透明质酸钠	0.03	0.02	0.01	0.02	0.06
厚朴树皮提取物	0.1	0.5	3	5	5

续表

原料	配比(质量份)				
	1#	2#	3#	4#	5#
库拉索芦荟叶提取物	0.1	0.5	3	5	5
罗汉果提取物	0.1	1	2	3	5
山药提取物	0.1	1	2	3	5
当归根提取物	0.1	2	5	2	5
茯苓提取物	0.1	2	5	2	5
水	加至100	加至100	加至100	加至100	加至100

制备方法

(1) 称取甘油、玉米丙二醇和透明质酸钠，搅拌均匀；

(2) 加入水，升温到80～90℃，保温3～5min，待分散均匀；

(3) 冷却至室温，依次加入厚朴树皮提取物、库拉索芦荟叶提取物、罗汉果提取物、山药提取物、当归根提取物和茯苓提取物，搅拌至分散均匀即得。

原料配伍 本品各组分质量份配比范围为：玉米丙二醇5～10，甘油5～10，透明质酸钠0.01～0.06，厚朴树皮提取物0.1～5，库拉索芦荟叶提取物0.1～5，罗汉果提取物0.1～5，山药提取物0.1～5，当归根提取物0.1～5，茯苓提取物0.1～5，水加至100。

所述的玉米丙二醇是用玉米淀粉通过生物发酵方式获得的1,3-丙二醇，作为溶剂使用，来源天然。

所述的甘油为天然甘油，具有保湿、保润功能。

所述的透明质酸钠为从鸡冠中提取的物质，也可通过乳酸球菌发酵制得，为白色或类白色颗粒或粉末，在化妆品领域中使用较多，有保湿作用，保持皮肤的水分，滋润皮肤，增加光泽，并能防止皮肤皲裂及皱纹的产生。

所述的厚朴树皮提取物的有效成分为和厚朴酚、厚朴酚、厚朴总酚，具有抗炎、抗菌、抗氧化等作用，为本产品的植物防腐剂。

所述的库拉索芦荟叶提取物主要成分是多糖类、蒽醌类化合物、蛋白质、维生素、矿物质等，具有抗发炎活性、抗水肿、抗病毒活性、湿润美容、防晒、抗衰老等多种用处。

所述的罗汉果提取物为淡黄色粉末至棕褐色浸膏，含丰富的维生素C，有抗衰老、及益肤美容作用。

所述的山药提取物含有大量淀粉及蛋白质、B族维生素、维生素C、维生素E、葡萄糖、粗蛋白氨基酸、胆汁碱、尿囊素等，具有保持水分，美容美白的作用。

所述的当归根提取物含藁本内酯、正丁烯酰内酯、阿魏酸、烟酸、蔗糖和多种氨基酸以及倍半萜类化合物等，能够活血化瘀，可有效调节面部的血液循环，使面部代谢恢复正常，将导致色斑的瘀毒带出体外，含丰富的微量元素，能营养皮肤，防止粗糙，同时活化气血，润泽颜面。

所述的茯苓提取物是根据多糖溶于水不溶于醇的特性，以水为溶剂萃取出茯苓中的有效成分茯苓多糖，普通的茯苓干品中多糖含量只有2%左右，经过提取的多糖含量能达到20%～50%，具有祛斑增白、润泽皮肤的作用。

产品应用 本品是一种天然植物保湿化妆水。

产品特性

(1) 本产品来源于天然植物提出物，保湿时间长，保湿效果显著，可以完全取代化学合成保湿剂，无任何添加剂，无过敏、无刺激、无毒副作用，对人体无害，安全性高。本产品的制备方法简单易操作，生产成本低，且获得的产品性能好且稳定，保质期长。

(2) 玉米丙二醇、甘油和透明质酸钠是本产品的保湿水相基体，库拉索芦荟叶提取物、罗汉果提取物、山药提取物、当归根提取物和茯苓提取物等精选的5种植物提取物是本产品的保湿活性组合物，起到亲水、吸水和防止水散失的作用，具有保湿锁水，滋养、修复皮肤的效果。

配方35 铁皮石斛化妆水

原料配比

原料	配比(质量份)	原料	配比(质量份)
铁皮石斛提取液	80	吐温-40	5
玉竹提取液	40	柠檬酸	2
银耳提取液	70	山梨酸钾	0.5
天然香精	0.2	去离子水	722.3
甘油	80		

制备方法

(1) 将铁皮石斛提取液、玉竹提取液、银耳提取液、甘油、吐温-40、柠檬酸、山梨酸钾、去离子水按比例混合，搅拌均匀，加热至90～95℃，保持5min；

(2) 温度降至45～50℃，按比例加入天然香精；

(3) 待降至室温之后，即可出料包装使用。

原料配伍 本品各组分质量份配比范围为：铁皮石斛提取液50～100，玉竹提取液30～50，银耳提取液，60～80，天然香精0.1～0.3，甘油60～100，吐温-40 4～6，柠檬酸1～3，山梨酸钾0.5，去离子水722.3。

所述的草本植物提取液先经过清洗、粉碎，再经水浸泡、煎浓缩提取、过滤等工序，浓缩至含5%～8%的中药提取液。

所述的甘油作为保湿剂。

所述的吐温-40作为乳化剂。

所述的柠檬酸作为增效剂和酸度调节剂。

所述的山梨酸钾作为防腐剂。

产品应用 本品是一种铁皮石斛化妆水。

产品特性 石斛和银耳都有胶质，可以抗氧化、美容保湿，与玉竹复配，可以达到美容养颜的效果，天然香精能够使气味清新自然。本产品采用草本植物作为原料，天然无刺激，具有美容去皱、保湿等功效。

配方 36 薰衣草纯露化妆水

原料配比

原料	配比(质量份)			
	1#	2#	3#	4#
薰衣草纯露	40	60	50	55
芦荟胶	3	10	7	8
氨基酸保湿剂	0.5	2	1.5	1
甘油	2	5	3	4
角鲨烷	0.01	0.05	0.04	0.02
对羟基苯甲酸甲酯	0.02	0.05	0.05	0.03

制备方法 按照质量份将对羟基苯甲酸甲酯加入甘油中，搅拌，再加入薰衣草纯露、芦荟胶、氨基酸保湿剂、角鲨烷进行超声波均质，灭菌，灌装即可得到薰衣草纯露化妆水。

原料配伍 本品各组分质量份配比范围为：薰衣草纯露 40～60，芦荟胶 3～10，氨基酸保湿剂 0.5～2，甘油 2～5，角鲨烷 0.01～0.05，对羟基苯甲酸甲酯 0.02～0.05。

产品应用 本品是一种薰衣草纯露化妆水，具有保湿、消炎、美白、抗衰老的功效。

产品特性

(1) 薰衣草纯露具有调节、净化、抗炎、收敛及平衡调整肌肤油脂分泌的功效，能促进青春痘或小伤口迅速愈合，加快细胞再生，避免青春痘和伤口留下疤痕，达到预防暗疮和淡化暗疮印的功效，还可以改善脆弱、疲劳的肌肤。

(2) 本产品采用比水护肤效果更佳的薰衣草纯露作为化妆水的底料，保留了薰衣草及精油的成分，再添加芦荟胶、氨基酸保湿剂、角鲨烷、甘油、对羟基苯甲酸甲酯加工制成的薰衣草纯露化妆水，清爽不油腻，对皮肤无刺激作用，具有保湿、消炎、美白、抗衰老的功效。

配方 37 洋甘菊纯露化妆水

原料配比

原料	配比(质量份)			
	1#	2#	3#	4#
洋甘菊纯露	40	60	50	55
芦荟胶	3	10	7	8
氨基酸保湿剂	0.5	2	1.5	1
甘油	2	5	3	4
角鲨烷	0.01	0.05	0.04	0.02
对羟基苯甲酸甲酯	0.02	0.05	0.05	0.03

制备方法 按照质量份将对羟基苯甲酸甲酯加入甘油中，搅拌，再加入洋甘菊纯露、芦荟胶、氨基酸保湿剂、角鲨烷进行超声波均质，灭菌，灌装即可得到洋甘菊纯露化妆水。

原料配伍 本品各组分质量份配比范围为：洋甘菊纯露40～60，芦荟胶3～10，氨基酸保湿剂0.5～2，甘油2～5，角鲨烷0.01～0.05，对羟基苯甲酸甲酯0.02～0.05。

产品应用 本品是一种洋甘菊纯露化妆水，具有保湿、消炎、美白、抗衰老的功效。

产品特性

(1) 洋甘菊纯露可改善青春痘、过敏、湿疹、烧烫伤，可说是对皮肤最佳纯露之一，具有消炎和安抚特性，用于敏感和面疮皮肤，对干性、敏感性皮肤极好；对治疗面疱、疱疹、湿疹、癣、微血管破裂有不错的功效；可以用来保护脸部最敏感的眼部肌肤，对于治疗红印效果显著，可增加皮肤抵抗力。

(2) 本产品采用比水护肤效果更佳的洋甘菊纯露作为化妆水的底料，保留了洋甘菊及精油的成分，再添加芦荟胶、氨基酸保湿剂、角鲨烷、甘油、对羟基苯甲酸甲酯加工制成的洋甘菊纯露化妆水，清爽不油腻，对皮肤无刺激作用，具有保湿、消炎、美白、抗衰老的功效。

配方 38 植物提取型化妆水

原料配比

原料	配比(质量份)		
	1#	2#	3#
互花米草提取物	20	30	25
甘油	7	10	8
三乙醇胺	6	10	8
乳酸钠(60%)	5	7	6
去离子水	75	75	70
羟甲基纤维素	3	6	5
柠檬酸	1	2	2
阿莫尼亚脂提取物	4	6	5

制备方法 将各组分原料混合均匀即可。

原料配伍 本品各组分质量份配比范围为：互花米草提取物20～30，甘油7～10，三乙醇胺6～10，乳酸钠（60%）5～7，去离子水70～75，羟甲基纤维素3～6，柠檬酸1～2，阿莫尼亚脂提取物4～6。

所述的互花米草提取物的制备方法如下。

（1）先将互花米草原料放置于粉碎机中进行粉碎，再经240～320目的筛进行分筛，收集过筛的粉末，未过筛的颗粒再返回粉碎机中进行粉碎，然后，按互花米草粉末的质量∶纤维素酶的质量∶乙酸-乙酸钠缓冲溶液的体积之比为1g∶10mg∶20mL，先用高浓度盐酸或氢氧化钠溶液调节所述缓冲溶液的pH值为5后，将互花米草粉末和调节pH值后的缓冲溶液，依次放置于间歇反应器中，在60℃恒温和200r/min的转速下，搅拌30min后，再加入纤维素酶，继续恒温搅拌，进行酶解反应30h，就制得酶解反应后的固液混合物；

（2）第（1）步完成后，先将第（1）步制得的酶解反应后的固液混合物放置于压滤机中进行固液分离，分别收集滤液，即为酶解提取后的滤液和固体残渣，后按照固体残渣的质量∶体积分数约为55%的甲醇溶液的体积之比为1g∶20mL将所述的固体残渣和所述的甲醇溶液放置于提取罐中，在温度为35～65℃、搅拌速度为200r/min的条件下进行第一次醇提60min后，并进行第一次过滤，分别收集第一次醇提的过滤液和固体残渣，然后，取第一次醇提时的相等体积、相等浓度的甲醇溶液和第一次收集的固体残渣，再放回提取罐中，在温度为65℃、搅拌速度为80～200r/min的条件下进行第二次醇提60min后，并进行第二次过滤，分别收集第二次醇提的过滤液和固体残渣，如此重复三次，最后，合并各次收集的醇提过滤液，放置于蒸发浓缩器中，进行蒸发浓缩至无醇味为止，分别收集浓缩液和蒸发的溶剂，合并酶解提取后的滤液和各次醇提收集的浓缩液，就制得互花米草提取物。

所述的阿莫尼亚脂提取物的制备方法为：将阿莫尼亚脂粉碎，过10～50目筛，采用超临界二氧化碳萃取技术，萃取温度为40～50℃、萃取压力为20～30MPa、萃取时间为1～2h，萃取挥发油，收集挥发油，即得阿莫尼亚脂提取物。

产品应用 本品是一种植物提取型化妆水。

产品特性 本产品将互花米草作为化妆水的主要原料，具有脂肪酸、互花米草总黄酮等营养元素，具有抗衰老氧化的作用，而且杀菌效果较好，经过试验研究发现，加入阿莫尼亚脂提取物与互花米草相互之间的融合具有协同美白的功效，以互花米草作为化妆水的主要原料，成本低廉。

配方 39　滋润型化妆水

原料配比

原料	配比(质量份)	
	1#	2#
椰子汁	15	26
人参提取液	2	5
吐温-20	3	7
对羟基苯甲酸甲酯	4	6
玫瑰提取液	3	7
马齿苋提取液	2	6
奇异果	4	8
透明质酸钠	2	5
佛手柑	3	7
红花籽油	3	6
马齿苋	2	7
黄瓜	1	4
当归	3	5
单硬脂酸甘油酯	2	6
水杨酸	3	5
尿素	2	7

制备方法　将各组分原料混合均匀即可。

原料配伍　本品各组分质量份配比范围为：椰子汁 15～26，人参提取液 2～5，吐温-20 3～7，对羟基苯甲酸甲酯 4～6，玫瑰提取液 3～7，马齿苋提取液 2～6，奇异果 4～8，透明质酸钠 2～5，佛手柑 3～7，红花籽油 3～6，马齿苋 2～7，黄瓜 1～4，当归 3～5，单硬脂酸甘油酯 2～6，水杨酸 3～5，尿素2～7。

产品应用　本品是一种滋润型化妆水，可以滋润皮肤，帮助深层净化，增加肌肤活力，立刻带来清凉感受，而且无副作用。

产品特性　本品可以滋润皮肤，帮助深层净化，增加肌肤活力，立刻带来清凉感受，而且无副作用。

参考文献

中国专利公告

CN—201410682566.7
CN—201110368199.X
CN—201610781766.7
CN—201510568261.8
CN—201610200656.7
CN—201410686465.7
CN—201410256235.7
CN—201610751036.2
CN—201310310500.0
CN—201610769897.3
CN—201310225048.8
CN—201210523038.8
CN—201310154441.2
CN—201610323673.X
CN—201510381115.4
CN—201510413144.4
CN—201610731132.0
CN—201610689667.6
CN—201610689658.7
CN—201380070876.7
CN—201310436304.8
CN—201510466084.2
CN—201510568263.7
CN—201510701048.X
CN—201510138926.1
CN—201510904323.8
CN—201510111089.3
CN—201510146728.X
CN—201510351356.4
CN—201610589877.8
CN—201410389420.3
CN—201610276505.X
CN—201610229162.1
CN—201610032538.X
CN—201510398753.7
CN—201210481497.4
CN—201410245246.5
CN—201510463877.9
CN—201410323837.X
CN—201410389370.9
CN—201510295187.7
CN—201510224199.0
CN—201510874453.1
CN—201510959508.9
CN—201510755421.X
CN—201410556224.0
CN—201410389068.3
CN—201610511392.7
CN—201510297315.1
CN—201210588148.2
CN—201310536434.9
CN—201410822470.6
CN—201610781347.3
CN—201610784636.9
CN—201310535340.X
CN—201310536433.4
CN—201510703445.0
CN—201310535325.5
CN—201410389419.0
CN—201310535338.2
CN—201510962508.4
CN—201310564135.6
CN—201410833727.8
CN—201310536432.X
CN—201310545992.1
CN—201310539733.8
CN—201610668274.7
CN—201310535337.8
CN—201410435739.5
CN—201410833603.X
CN—201410389126.2
CN—201610783830.5
CN—201611053541.6
CN—201410833606.3
CN—201310536435.3
CN—201611013550.2
CN—201610345794.4
CN—201510574176.2
CN—201510804033.6
CN—201610160899.2
CN—201510495471.9
CN—201511010767.3
CN—201611105042.7
CN—201710119331.0
CN—201610048400.9
CN—201510568225.1
CN—201610693725.2
CN—201510035119.7
CN—201610705301.3
CN—201610907108.8
CN—201611173644.6
CN—201511010770.5
CN—201610615447.9
CN—201510280216.2
CN—201510625829.5
CN—201511029242.4
CN—201510348947.6
CN—201511006430.5
CN—201510450186.5
CN—201510456644.6
CN—201611213231.6
CN—201510574140.4
CN—201610870295.7
CN—201510343365.9
CN—201610907055.X
CN—201510414896.2
CN—201610955925.0
CN—201610781692.7
CN—201510801686.9
CN—201510804357.X
CN—201510495468.7
CN—201510495521.3
CN—201610413791.X
CN—201510343404.5